高等院校通识教育
新形态系列教材

人工智能通识导论

慕课版

叶志伟 曾山◎主编

李冰 蔡婷 梅梦清◎副主编

Artificial Intelligence

人民邮电出版社

北 京

图书在版编目（CIP）数据

人工智能通识导论：慕课版 / 叶志伟，曾山主编.
北京：人民邮电出版社，2025. --（高等院校通识教育
新形态系列教材）. -- ISBN 978-7-115-67247-6

Ⅰ. TP18

中国国家版本馆 CIP 数据核字第 2025ES0645 号

内 容 提 要

本书系统、全面地介绍了人工智能的核心知识及关键要点，全书共 7 章，包括人工智能是什么、人工智能如何工作、人工智能的研究领域、人工智能的应用场景、AIGC 工具的应用、人工智能的伦理与安全、人工智能实践项目等内容。

本书内容丰富，强调"理论+实践"的学习方式，深入浅出地介绍人工智能的相关内容，知识体系全面且严谨。除最后一章，本书其他各章内容均按照"课前预习+知识讲解+课堂实践+知识导图+人工智能素养提升+思考与练习"的结构展开介绍，使读者在课前、课中以及课后都能更好地学习。

本书可作为高等院校相关专业人工智能通识课程的教材，也可作为有志于了解和学习人工智能的读者的参考书。

◆ 主　　编　叶志伟　曾　山
　　副主编　李　冰　蔡　婷　梅梦清
　　责任编辑　赵广宇
　　责任印制　陈　犇
◆ 人民邮电出版社出版发行　　北京市丰台区成寿寺路 11 号
　　邮编　100164　　电子邮件　315@ptpress.com.cn
　　网址　https://www.ptpress.com.cn
　　三河市中晟雅豪印务有限公司印刷
◆ 开本：787×1092　1/16
　　印张：13.25　　　　　　　　　2025 年 7 月第 1 版
　　字数：329 千字　　　　　　　2025 年 7 月河北第 1 次印刷

定价：59.80 元

读者服务热线：(010)81055256　印装质量热线：(010)81055316
反盗版热线：(010)81055315

本书写作背景

在 21 世纪的科技浪潮中，人工智能已成为推动社会变革的核心驱动力。从智能语音助手到自动驾驶汽车，从医疗影像诊断到金融风险预测，人工智能正以前所未有的速度渗透到人类生产和生活的方方面面。人工智能不仅重塑传统行业的运作模式，还催生出大量新兴领域，成为推动新质生产力发展的重要引擎。

党的二十大报告在关于"加快构建新发展格局，着力推动高质量发展"的部分中明确指出："建设现代化产业体系。坚持把发展经济的着力点放在实体经济上，推进新型工业化，加快建设制造强国、质量强国、航天强国、交通强国、网络强国、数字中国。实施产业基础再造工程和重大技术装备攻关工程，支持专精特新企业发展，推动制造业高端化、智能化、绿色化发展。巩固优势产业领先地位，在关系安全发展的领域加快补齐短板，提升战略性资源供应保障能力。推动战略性新兴产业融合集群发展，构建新一代信息技术、人工智能、生物技术、新能源、新材料、高端装备、绿色环保等一批新的增长引擎。"

由此可见，作为新一代信息技术的重要分支，人工智能与制造强国、质量强国、航天强国、交通强国、网络强国、数字中国等目标相契合。

在产业升级层面，人工智能通过赋能智能制造、优化供应链管理、驱动产品创新，成为推进新型工业化的"加速器"；在创新生态构建层面，人工智能为突破"卡脖子"技术提供新路径，从芯片设计到新材料模拟计算，从航天器智能控制到生物医药分子建模，人工智能正深度融入重大技术装备攻关，助力实现高水平科技自立自强；在战略性新兴产业培育层面，人工智能与大数据、物联网、云计算等技术的融合，催生出智能网联汽车、智慧能源系统、数字孪生城市等新业态，形成"技术群聚—产业裂变—经济增长"的良性循环，为高质量发展注入新动能。

与此同时，人工智能的深度应用也对人才结构提出新的要求：既需要攻克核心算法的"专精特新"科研人才，也需要推动人工智能与垂直行业融合的复合型人才，更需要具备伦理意识、能规避技术风险的管理者。这正呼应了党的二十大报告中"实施科教兴国战略，强化现代化建设人才支撑"的战略部署。

本书正是立足于这一时代背景，以"通识"为核心定位，旨在通过理论与实践相结合的方式，帮助读者构建起人工智能的全面认知体系。

本书内容结构

本书共 7 章，循序渐进地引导读者深入了解人工智能。

第 1 章为"人工智能是什么"：从人工智能的概念、发展历程和产业链等角度切入，帮助读者建立起人工智能的基础认知体系，并探讨人工智能对人才的能力要求，引导读者思考自身在人工智能时代的定位。

第 2 章为"人工智能如何工作"：聚焦技术原理，解析机器学习、深度学习的核心算法与实现逻辑，通过设计垃圾邮件过滤器、照片着色等实践，培养读者的算法思维。

第 3 章为"人工智能的研究领域"：既涵盖知识图谱、计算机视觉等典型研究领域，也延伸至大语言模型、具身智能机器人等前沿研究领域，激发读者的创新思维。

第 4 章为"人工智能的应用场景"：以智能生活、智慧医疗、智能金融等六大场景为例，展现人工智能技术如何赋能千行百业，并通过实践提升读者的协作能力。

第 5 章为"AIGC 工具的应用"：作为技术发展的新热点，本章详细解析文心一言、DeepSeek 等 AIGC 工具的应用，并强调批判性意识在人工智能创作中的重要性。

第 6 章为"人工智能的伦理与安全"：直面技术带来的责任归属、数据安全等问题，引导读者从法律与规范视角思考人工智能的可持续发展。

第 7 章为"人工智能实践项目"：涵盖人工智能课程实验、人工智能项目实践、人工智能课程设计和人工智能学科竞赛，通过这些实践项目，提高读者的实际应用能力。

本书特色

1. 立足经典，聚焦前沿

本书强调"知行合一"的学习方法，既梳理人工智能的经典理论，又讲解大语言模型与多模态融合、智能机器人与具身智能机器人、元宇宙与数字人、人工智能驱动科学等前沿内容，以及 DeepSeek 与其他工具的组合应用，确保内容的时效性与前瞻性。

2. 体例丰富，赋能教学

本书编者在对广大院校人工智能通识课程的教学特点、教学内容及教学模式充分调研的基础上，设置了丰富的教学体例，除最后一章，每章都设置"课前预习""课堂实践""思考与练习"模块，并设置"AI 专家""AI 拓展走廊""AI 思考屋"等栏目，不仅能帮助读者更深入地学习，而且能扩大读者的学习范围，培养读者主动思考的良好习惯。

3. 素养培育，综合提升

本书全面贯彻党的二十大精神，落实立德树人根本任务，将通识基础讲解与综合素养培育紧密结合，书中设置"人工智能素养提升"模块，力求提高读者的数据敏感度，培养读者的创新思维和法律意识。

本书使用指南

本书作为教材使用时，理论教学建议安排 26 学时，实践教学建议安排 16 学时。各章的学时分配表如表 1 所示，用书教师可以根据实际情况进行调整。

表 1　学时分配表

章	内容	理论教学学时	实践教学学时
第 1 章	人工智能是什么	4	2
第 2 章	人工智能如何工作	4	2
第 3 章	人工智能的研究领域	4	2
第 4 章	人工智能的应用场景	4	2
第 5 章	AIGC 工具的应用	4	2
第 6 章	人工智能的伦理与安全	4	2
第 7 章	人工智能实践项目	2	4
学时总计		26	16

（1）教学资源

为了方便用书教师展开教学，本书提供了丰富的教学资源，包括PPT课件、教学大纲、电子教案、题库及试卷系统、思考与练习答案、素材文件、效果文件、提示词模板、慕课视频等，其名称及数量如表2所示，用书教师如有需要，可登录人邮教育社区（www.ryjiaoyu.com）免费下载。

表2　教学资源名称及数量

序号	教学资源名称	数量
1	PPT课件	7份
2	教学大纲	1份
3	电子教案	1份
4	题库及试卷系统	1套
5	思考与练习答案	7份
6	素材文件	多份
7	效果文件	多份
8	提示词模板	1份
9	慕课视频	1份

（2）人工智能通识与AIGC教学资源库

为了充分发挥新质生产力赋能教学的优势，本书提供了人工智能通识与AIGC教学资源库，方便读者进行深入学习，提升实战技能，具体内容如表3所示。

表3　人工智能通识与AIGC教学资源库内容

类型	名称
资源合集	人工智能基础资源合集
	人工智能行业应用资源合集
	AIGC提示工程资源合集
	AIGC办公应用资源合集
培养方案	人工智能通识课程人才培养方案（通用版）

（3）AI 资源链接

为了帮助读者进一步了解 AI 的相关知识，本书提供了可供读者扫码学习的"AI 资源链接"二维码，具体名称及页码如表4所示。

表4　AI资源链接名称及页码

AI 资源链接名称	页码
人工智能助力量子计算	13
字节单位换算	17
DeepSeek 的优势	85
自动驾驶技术	102
了解其他生物识别技术	112
工业机器人的发展过程	129
各提问公式的 AIGC 生成内容	146
Python 基础知识	162

（4）微课视频

为了帮助读者更好地学习，编者针对书中的重难点内容录制了配套的微课视频，读者扫描书中的"微课视频"二维码即可观看学习，微课视频名称及页码如表5所示。

表5　微课视频名称及页码

微课视频名称	页码
体验人工智能的语音识别技术	24
使用百度识图识别瓷器	94
辅助代码编写	162
DeepSeek 与 Kimi 生成 PPT	164
DeepSeek 与剪映生成短视频	166
DeepSeek 与即梦 AI 和 Tripo 生成 3D 模型	168
制作创意海报	171
使用 DeepSeek 辅助学习	173

（5）辅助参考

为了进一步辅助教学，本书设置了"扫一扫"二维码，对部分教学内容进行辅助展示，帮助读者更好地使用本书并深入学习，"扫一扫"二维码名称及页码如表6所示。

表6 "扫一扫"二维码名称及页码

"扫一扫"二维码名称	页码
人才能力提升计划	26
高清彩图	59
小区智能垃圾分类系统实施方案	195
智能种植农场实施方案	196
智慧医疗康复机器人实施方案	197
智能生产线实施方案	198
人工智能在智慧城市中的应用潜力分析报告	198
撰写关于人工智能伦理的研究报告	199
详细了解AI创意赛	200
详细了解AI大赛	200

本书由湖北工业大学叶志伟、武汉轻工大学曾山担任主编，由李冰、蔡婷、梅梦清担任副主编。由于编者水平有限，书中难免存在不妥之处，敬请广大读者批评指正。

编　者

2025 年 6 月

目 录

01

第1章　人工智能是什么

02

第2章　人工智能如何工作

第 1 章 人工智能是什么

本章导读

　　在当今这个日新月异的时代，人工智能正以前所未有的速度影响着社会的每一个角落，从尖端科技到日常生活，人工智能的影响力已远远超越最初的想象。

　　对当代大学生而言，了解并深入学习人工智能的相关知识，不仅是紧跟时代步伐、把握未来趋势的必要之举，更是提升个人竞争力、拓宽职业道路的关键。在这个数据驱动的世界，人工智能已成为推动产业升级、促进复杂社会问题解决的重要技术。掌握人工智能知识，意味着能够参与这场技术变革，无论是作为创新者引领行业发展，还是作为应用者优化工作流程，都是为社会创造价值。

课前预习

知识目标

（1）掌握人工智能的概念、特征、学派以及人工智能与新质生产力的内在联系。

（2）熟悉人工智能的发展历程、发展现状和未来发展情况。

（3）掌握人工智能的产业链和商业模式。

（4）熟悉人工智能对人才的能力要求。

素养目标

（1）培养社会责任感，关注人工智能对社会的影响。

（2）深刻把握新质生产力的内涵特征和时代价值，培养"创新驱动、绿色低碳、开放融合、人本内蕴"的理念。

（3）具备跨学科学习和持续学习的能力，能够跟上技术的最新发展，并适应不断变化的学习环境和工作环境。

大数据与人工智能产业学院

为对接湖北省"51020"现代产业体系，服务"数字湖北"和武汉国家新一代人工智能创新发展试验区建设，强化政府、企业和高校协同育人，经过近两年筹备，湖北工业大学建成大数据与人工智能系列实验和竞赛平台，开办数据科学与大数据技术、智能科学与技术、大数据管理与应用3个新工科专业，增设"大数据智能分析"硕士研究生培养方向。依托计算机学院，湖北工业大学大数据与人工智能产业学院于2021年12月28日挂牌成立，并于2024年获批湖北省高校省级现代产业学院。

大数据与人工智能产业学院是一所政府、企业和高校协同育人，培养新兴数字技术人才的产业学院。产业学院与华为、腾讯、百度、神州数码、武汉烽火、商汤科技等30多家IT（Information Technology，信息技术）企业签订了校企合作人才培养协议，成立了理事会；从北京大学、中国科学院计算技术研究所等知名高校和科研院所聘请了24位知名专家，组建了专家咨询委员会，指导数据科学与人工智能人才培养。

大数据与人工智能产业学院以产业需求为导向，统筹行业、企业、院校资源，基于产业学院打造集实践教学、技术研究和社会服务于一体的"智能+"实训基地，行业企业深度参与实训教材编制，根据行业链的动态发展优化实训内容，推动实训内容与项目开发需求的科学对接，建设工程项目案例集。

在产业学院建设中，产业学院组建了由专业课教师、企业工程技术人员构成的研发团队和技术服务团队，引入新技术研究和成果转化等校企合作项目，为智能制造大数据、智慧城市大数据相关企业开展系列化、全方位的产品研发与制造提供服务，扎实推进产业学院的建设。产业学院将大数据智能分析技术用于传输网络智能运维，遥感空天信息智能处理技术用于灾害应急，依托以上技术获得湖北省科学技术进步奖二等级2项，全国商业科技进步奖二等奖1项。产业学院与神州数码（中国）有限公司等企业联合共建产教融合教育中心，围绕新工科人才培养要求，共同培养大数据、人工智能和信息安全创新工程应用型人才。

【案例思考】

（1）湖北工业大学成立大数据与人工智能产业学院的目的是什么？

（2）根据湖北工业大学大数据与人工智能产业学院的建设情况，你认为应当如何开展人工智能课程，以更好地培养人才？

1.1　认识人工智能

近年来，随着算力的提升、大数据的积累以及算法的不断优化，人工智能得以飞速地发展，并在各个领域产生深远的影响。人工智能的技术革新是一场席卷全球的科技革命，人工智能以其强大的数据处理能力、学习能力和创新能力，正在改变着人类社会。什么是人工智能？人工智能有哪些学派？人工智能与新质生产力有什么联系？这些是我们首先需要了解的问题。

1.1.1　人工智能的概念与特征

人工智能（Artificial Intelligence，AI）的起源可追溯至1956年美国达特茅斯学院的一次历史性研讨会，会上，美国计算机科学家约翰·麦卡锡（John McCarthy）等人首次提出人工智能的概念，他们将人工智能定义为"拥有模拟能够被精确描述的学习特征或智能特征的能力的机器"。这个定义将人工智能描述为一类具有高级模拟能力的机器，这类机器能够复制或模拟人类的学习特征或智能特征，且这些特征都可以被精确描述和界定。

人工智能领域的开创者之一，美国斯坦福大学人工智能研究中心尼尔斯·约翰·尼尔森（Nils John Nilsson）教授给人工智能下了这样一个定义："人工智能是关于知识的学科——怎样表示知识以及怎样获得知识并使用知识的学科。"

美国麻省理工学院帕特里克·温斯顿（Patrick Winston）教授则认为，人工智能就是研究如何使计算机去做过去只有人才能做的智能的工作。

这些说法反映出人工智能的基本思想和内容，即人工智能是研究人类智能活动的规律，构造具有一定智能的人工系统，研究如何让计算机去完成以往需要人的智力才能胜任的工作，也就是研究如何使用计算机的软硬件来模拟人类某些智能行为的基本理论、方法和技术。

如何更好地理解人工智能的概念？我们可以从人工智能最基本的三大特征入手，即感知能力、学习能力和推理能力，具备这些特征的对象或事物，便属于人工智能。

（1）感知能力。人工智能的感知能力是其与外界环境进行交互的基础。通过传感器、麦克风等硬件设备以及图像识别技术，人工智能能够收集大量由视觉、听觉、触觉等感官感知的数据，并对感知数据进行处理和分析。例如，在自动驾驶汽车中，摄像头和雷达等传感器能够实时捕捉道路信息，为车辆提供行驶所需的视觉和距离信息，从而实现对外部环境的精准感知。

（2）学习能力。人工智能的学习能力是其智能的核心体现。通过机器学习算法，人工智能能够从大量数据中提取核心信息、发现规律，并据此调整自身行为，以适应新环境或解决新问题。这种学习能力不仅限于简单的模式识别，还包括复杂的抽象概念学习、逻辑推理以及知识迁移等。例如，电子商务平台中内嵌的人工智能工具能够根据用户的购买历史和浏览行为，向用户推荐符合其兴趣和需求的商品，这种个性化推荐正是基于对用户数据的深度学习和分析。

（3）推理能力。人工智能的推理能力是其解决复杂问题的关键。通过构建决策树、贝叶斯网络（一种基于概率推理的图形网络）、神经网络（一种模仿动物神经网络行为特征进行分布式处理信息的算法数据模型）等模型，人工智能能够模拟人类的推理过程，对给定的信息进行评估、分析和预测，从而做出合理决策。例如，在医疗诊断中，人工智能可以根据患者的症状、病史等信息，结合医学知识和专家经验，辅助医生进行疾病诊断和制定治疗方案。

结合人工智能的概念及其三大特征，我们能够辨别出哪些是人工智能，哪些不是人工智能。例如，日常生活中使用的计算器就不属于人工智能。首先，计算器必须靠用户手动输入数据，无法感知外界环境，没有感知能力；其次，计算器的功能是固定的，不具备学习能力；再次，计算器只是按照预定义的规则执行数学计算，没有推理能力。相反，智能手机上的人脸识别功能属于人工智能，因为它能够通过摄像头"看见"用户的面部特征，并精确识别生物信息，具有感知能力；随着使用次数增加，系统会不断优化人脸识别模型来提高准确率，这体现了它的学习能力；同时，它能够在不同光线、角度或遮挡条件下判断识别对象是否为真实用户以及用户本人，并完成解锁或支付验证，具备推理能力。

• AI 思考屋 ∘∘

你是如何理解"人工智能"这一概念的？请根据人工智能的三大特征，思考自动化生产线上的机械臂是否属于人工智能。

1.1.2　人工智能的学派

学派是指某一领域内基于不同理论、方法或技术形成的学术派别。在人工智能领域，较为常见的有三大学派，分别是符号主义、联结主义和行为主义，他们分别从不同的角度出发，探索人工智能的本质和实现方式，这种多样性促进了理论的交叉和融合，为理论创新提供可能。各个学派之间的竞争和合作也推动了整个领域的发展，使得人工智能的理论体系更加丰富和完善。

1. 符号主义

符号主义（Symbolism）是人工智能研究中的一个重要学派，也被称为逻辑主义（Logicism）、心理学派（Psychologism）或计算机学派（Computerism）。其核心观点在于，人类认知和思维的基本单元是符号，认知过程可以被视为在符号表示上的一种运算。该学派主张人工智能源于数理逻辑，通过计算机模拟人类的认知过程来实现人工智能。

图1-1所示为使用决策树模型输入业务

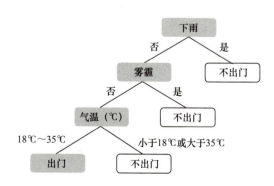

图1-1　使用决策树模型判断机器小狗是否出门

特征来判断机器小狗是否出门，该模型通过感知到的各种符号进行推理，判断机器小狗是否符合出门条件，这是典型的符号主义的应用。

符号主义起源于20世纪50年代，是人工智能领域最早的学派。1956年，艾伦·纽厄尔（Allen Newell）和赫伯特·西蒙（Herbert Simon）等人研制了"逻辑理论家"（Logic Theorist）数学定理证明程序，该程序证明了38条数学定理，表明可以使用计算机研究人的思维过程，模拟人类智能活动。此外，符号主义还发展了启发式算法、专家系统、知识工程理论与技术，其中，专家系统是符号主义的重要成果之一，它通过预设的规则库模拟专家决策过程，在医学诊断、化学分析等领域得到广泛应用。

> **AI专家**
>
> 逻辑理论家是当时人工智能领域的开创性成果，该程序使用早期信息处理语言编写，能够证明《数学原理》一书中的数学定理，其中某些证明甚至比原著更简洁。它通过逻辑规则推导构建搜索树，实现了抽象符号推理，被公认为人工智能发展史上的里程碑。

符号主义的主要原理包括物理符号系统假设和有限合理性原理。符号主义认为，计算机是一个物理符号系统，能够执行符号操作，从而模拟人类的认知过程。这种模拟实质上是模拟人左脑的抽象逻辑思维，通过研究人类认知系统的功能机理，用某种符号来描述人类的认知过程，并把这种符号输入能处理符号的计算机中，从而模拟人类的认知过程，实现人工智能。

符号主义曾长期在人工智能领域中占据主导地位，对人工智能的发展产生深远影响。它推动了人工智能在自然语言处理、专家系统、知识表示与推理等领域的研究和应用。然而，随着算力的提升和复杂问题的涌现，符号主义逐渐暴露出其扩展性和灵活性不足的缺陷。在人工智能领域的其他学派出现之后，符号主义虽然不再占据绝对主导地位，但依然通过与其他学派的融合应用而展现出新的生命力。

2. 联结主义

联结主义也叫连接主义，是人工智能领域的一个重要学派，该学派认为人工智能源于仿生学，因此也被称为仿生主义，其理论基础主要来源于神经网络和认知科学，强调通过模拟人脑神经元的联结方式来实现人工智能。联结主义的核心在于从大量数据中学习并优化网络连接以实现智能行为，该学派认为人工智能的关键在于模拟人脑神经元之间的联结机制和学习算法。

1943年，心理学家沃伦·麦卡洛克（Warren McCulloch）和数理逻辑学家沃尔特·皮茨（Walter Pitts）提出首个形式化神经元模型——M-P模型，该模型模拟生物神经元的阈值逻辑机制，用数学方法描述神经元对输入信息的处理过程。作为联结主义的开端，M-P模型为深度学习的发展提供了基础理论框架。

1957年，美国心理学家和计算机科学家弗兰克·罗森布拉特（Frank Rosenblatt）在一台IBM 704计算机上模拟实现了一种叫作"感知机"（Perceptron）的神经网络模型，这可以被视为最简单形式的前馈式人工神经网络。

但受限于算力和数据资源，联结主义进展相对缓慢。直到20世纪80年代，随着算力的提升和大数据技术的出现，神经网络重新获得关注。特别是1986年，美国加利福尼亚大学圣地亚哥分校的心理学家大卫·鲁梅尔哈特（David Rumelhart）等人提出多层网络中的反向传播（Backpropagation，BP）算法，使得神经网络的训练变得更为有效，这极大地促进了联结主义的发展。

联结主义在语音识别、图像识别等领域取得了显著的成果，深度学习作为联结主义的一个重要研究领域，目前仍在持续发展和进步当中，人工智能生成内容（Artificial Intelligence Generated Content，AIGC）技术的发展也主要运用了符号主义和联结主义的思想和方法。

3．行为主义

行为主义最初是心理学的一个学派，强调行为和环境刺激之间的关系，该学派将人类的思维过程看成一种条件反射和刺激响应的过程，认为人工智能源于控制论，用"感知—动作"模式和自适应机制来模拟人类的行为和反应。行为主义关注让计算机通过与环境交互来学习和改进行为，认为智能行为可以通过与环境的动态交互和反馈实现。

行为主义的思想可以追溯到早期的人工智能研究。在人工智能发展的早期阶段，行为主义者设计了各种基于规则和传感器的机器人系统，这些系统能够感知环境并做出相应的反应。随着人工智能技术的不断发展，行为主义也面临着一些挑战，例如，如何使机器人在复杂环境中进行更高级的学习和决策，以及如何更好地结合其他人工智能学派的方法来提高人工智能系统的整体性能。

行为主义通过模拟生物体的行为模式来实现人工智能，这一学派在机器人控制、自动驾驶等领域有着广泛应用，并且随着技术进步，其应用领域在不断扩大。

虽然人工智能的不同学派对人工智能的理解和代表性成果都各有不同，如图1-2所示，但在实际应用中，往往需要综合运用多个学派的思想和方法才能解决复杂的人工智能问题，它们之间的关系并不是相互独立和排斥的，而是相互补充和协同互助的。

图1-2   不同学派的区别

1.1.3   人工智能与新质生产力

新质生产力是相对于传统生产力而言的，加快发展新质生产力是我国近期的重要工作之一。人工智能可以很好地赋能新质生产力，为其发展起到积极推动作用。

1．认识新质生产力

新质生产力是创新起主导作用，摆脱传统经济增长方式、生产力发展路径，具有高科技、高效能、高质量特征，符合新发展理念的先进生产力质态。它由技术革命性突破、生产要素创新性配置、产业深度转型升级而催生，以劳动者、劳动资料、劳动对象及其优化组合的跃升为基本内涵，以全要素生产率大幅提升为核心标志，特点是创新，关键在质优，本质是先进生产力。

例如，浙江省衢州市柯城区积极探索乡村产业数字化变革，创新实施"孵、服、扶、辅、富"5F模式，走出一条"农民当主播、手机变农具、直播成农活、数据为农资"的数字赋能促乡村共富的新路径。

为提高主播的业务水平，柯城区建立了村播学院，通过专业的运营公司和创业导师指导，为广大农民、在校大学生、返乡创业青年等主体提供零门槛、零基础、全免费的主播孵化培育服务。在强化服务方面，柯城区打造了"红小播"公益IP，结合时令季节和直播电商节庆日，开展各类直播助农带货活动。在品质把控方面，柯城区建立了四省边际品牌馆，对接浙江、福建、江西、安徽四省的优质农产品，并引进650余款热销、特色产品。为了精准扶持村播，柯城区联合相关职能部门出台"村播政策13条"，对"一村一播"、电商孵化基地、农民主播培育、主播创业金融扶持、平台建设等方面给予政策扶持。

通过这一系列的举措，柯城区成功形成集"孵化培训—直播销售—加工生产"于一体的5分钟村域联动产业发展闭环，在2023年为16个村集体年增收732.3万余元，并带动创业就业1000余人。这一成功经验不仅为柯城区带来显著的经济效益和社会效益，更为其他地区提供了可借鉴的模式，推动乡村产业数字化变革的深入发展。

这种以创新为主导，摆脱传统经济增长方式、生产力发展路径，具有高科技、高效能、高质量特征的生产方式，便是新质生产力。

2．人工智能赋能新质生产力

新质生产力以劳动者、劳动资料、劳动对象及其优化组合的跃升为基本内涵，因此这里主要从劳动者、劳动资料和劳动对象的角度来讲述人工智能如何赋能新质生产力。

（1）从劳动者的角度。人工智能具备将人类累积的知识转化为数据化形式的能力。借助庞大的数据输入和深度学习技术，以及模拟人类的思考模式，人工智能掌握的知识量远超人类大脑。更重要的是，人工智能还能重新编排与创新应用信息化知识。例如，人工智能能够执行文案创作、文本生成图像、文本生成视频、代码自动生成等智能任务，有效提升劳动者的劳动效率和质量。图1-3所示是人工智能生成的油画。

（2）从劳动资料的角度。人工智能正在催生众多新型生产工具，推动劳动资料从传统的物质形态向虚拟形态转变，为生产活动带来前所未有的变革。传统意义上的劳动资料主要指人类在生产过程中所使用的各种物质工具和设备，如机器、设备、厂房等，随着

图1-3　人工智能生成的油画

人工智能技术的不断发展，这些传统的物质形态劳动资料正在被赋予新的内涵。人工智能通过深度学习、机器学习等先进技术，使得生产工具更加智能化、自动化，从而极大地提高生产效率和质量。例如，在智能制造领域，通过引入人工智能技术，可以实现生产过程的数字化、网络化、智能化，使得生产活动不再局限于传统的物理空间，而可以在虚拟的网络空间中进行。这种转变不仅极大地扩展了生产空间，使得生产活动可以更加灵活、高效地进行，同时也进一步解放了劳动者，使他们能够摆脱繁重的体力劳动，投身于更具创造性、知识性的工作。

（3）从劳动对象的角度。数据作为一种新兴的生产要素，成为重要的劳动对象。人工智能将生产过程简化为劳动者利用人工智能技术，对劳动对象进行智能化处理的过程。

在这个过程中，人工智能技术本身以及经过其智能化处理的事物，都被视为新质生产力概念下的劳动对象。同时，人工智能能够显著提升管理和组织的效率，实现经济活动的智能化和绿色化转型，为培育新质生产力提供广阔的降本增效空间。人工智能在推动生产方式变革和劳动形态演进的同时，也将加速相关法律框架、监管政策和保障机制的调整与完善，从而破除生产、分配、流通、消费循环中的障碍，促进产业结构和组织结构的优化调整，形成与新质生产力相匹配的新型生产关系。

💬 AI 拓展走廊

2024年的《政府工作报告》中首次提出开展"人工智能+"行动。"人工智能+"是一个广泛的概念，它指的是将人工智能技术与各个领域或行业进行深度融合，以推动创新、发展，并创造出新产品、新服务和新商业模式的过程。它不仅推动新质生产力的形成和发展，还推动传统产业转型升级、激发新兴产业和未来产业发展活力，并赋能国民经济各领域智能化、数字化、绿色化发展，成为引领科技进步和社会变革的关键力量。

1.2　人工智能的发展

人工智能从诞生到现在经历了多个阶段，呈现出蓬勃发展的态势，在不同领域都展现出巨大的潜力和广阔的应用前景。

1.2.1　人工智能的发展历程

人工智能的整个发展历程可以归纳为萌芽期、探索期、成长期和爆发期，每个时期的发展进步都离不开人们的辛勤努力。

1．萌芽期

1950年，英国数学家、逻辑学家和计算机科学的先驱，有"人工智能之父"之称的阿兰·麦席森·图灵（Alan Mathison Turing）提出了著名的图灵测试，该测试的目的是判断机器是否能够展现出与人类相似的智能。按照图灵的设想，如果一台机器能够与人类展开对话而不被辨别出其机器的身份，那么这台机器便是智能的。图灵测试不仅为人工智能的研究提供了一个明确的方向，更为后续人工智能的发展奠定了理论基础。

图灵测试的基本形式如下：测试员通过打字的方式向两个交流对象随意提问，但他不知道哪个是真人，哪个是机器，真人和机器会根据测试员的提问做出回答，如图1-4所示。如果测试员无法可靠地区分哪个是真人，哪个是机器，那么就可以说这台机器通过了图灵测试，表示这台机器具备一定的智能。

> **AI专家**　在一定时间内（如5min），机器需要回答由人类测试员提出的一系列问题，如果机器超过30%的回答让测试员误认为是人类所答，那么机器就通过了图灵测试。也有一种说法是如果超过30%的测试员无法分辨出做出回答的是机器还是人类，则认为机器通过了图灵测试。

1956年，美国达特茅斯学院举行了一次研讨会。在这次研讨会上，约翰·麦卡锡、马文·明斯基（Marvin Minsky）、艾伦·纽厄尔、赫伯特·西蒙等科学家（见图1-5）共同探讨了如何使机器实现智能的行为，并首次提出"人工智能"这一概念。这次研讨会标志着人工智能作为一个独立学科诞生，也奠定了未来几十年人工智能研究的基础。

图1-4　图灵测试示意图

图1-5　达特茅斯会议"七侠"

1959年，美国人乔治·德沃尔（George Devol）设计了世界上第一台工业机器人"Unimate"。这款机器人采用模块化设计，可以根据不同的工作需求更换工具和夹具，实现生产过程的自动化，提高生产效率，降低劳动成本。Unimate的成功应用，标志着现代工业机器人技术的诞生。

在萌芽期，人工智能的研究主要集中在建立理论基础和开发基本算法，这为人工智能的后续发展奠定了坚实的理论基础。

2．探索期

进入探索期，人工智能的研究开始面临诸多挑战。1966年，美国麻省理工学院的约瑟夫·魏岑鲍姆（Joseph Weizenbaum）发布了世界上第一个人机对话系统ELIZA。ELIZA能够通过脚本理解简单的自然语言，并产生类似人类的回答。尽管ELIZA的智能程度有限，但它的问世标志着人工智能在自然语言处理领域的初步尝试，为后续的研究提供了宝贵的经验。这不仅是人工智能历史上的一个重要里程碑，也是计算机科学和心理学交叉领域的一个创新点。

1966年至1972年，美国斯坦福研究所（现为国际斯坦福研究所）研制出了机器人沙基（Shakey）。沙基装备了电视摄像机、三角测距仪、碰撞传感器、驱动电机以及编码器，如图1-6所示，它能够在没有外部控制的情况下，通过无线连接接收指令，并利用内置的人工智能算法来解析周围环境，做出决策并执行任务。沙基是首台采用人工智能技术，运用逻辑思维自行定位物体，并在物体周围移动的机器人。它的问世标志着自主机器人研究的开始，为后续的机器人技术发展提供了重要的参考。

图1-6　机器人沙基

然而，20世纪70年代初，受限于内存容量和处理速度，计算机无法有效解决复杂的人工智能问题，人工智能的研究进展缓慢，未能实现预期的突破。这一时期，人工智能的发展陷入了低谷，但研究者们并未放弃，而是继续探索新的技术和方法。

1981年，日本大力研发人工智能计算机，目标是开发出能够模拟人类智能行为的高性能计算机系统。日本的这一举措使得英国和美国等国家认识到人工智能技术对于未来科技发展的重要性，也开始向人工智能领域投入大量资金进行探索和研发。各国加强了国际合作，这加速了人工智能的技术革新。

1984年，美国人道格拉斯·莱纳特（Douglas Lenat）带领其团队开发Cyc项目，该项目的目标是构建一个庞大的常识知识库，使人工智能能够以类似人类推理的方式工作。随着时间的推移，Cyc项目逐渐演变成一个开放的研究平台，吸引了全球众多的研究者和开发者参与其中。这不仅为人工智能的研究提供了重要的资源，还促进了知识表示、自然语言处理和机器学习等技术的发展。

在探索期，人工智能研究取得一定的突破，也遇到较大的瓶颈，此阶段虽受制于算力与算法，但为人工智能核心技术框架奠定了基础，并催化了国际合作与跨学科创新。

3．成长期

进入成长期，人工智能技术开始取得重大突破。1997年，IBM公司的计算机系统"深蓝"（Deep Blue）在一场历史性的对决中战胜了国际象棋世界冠军加里·卡斯帕罗夫（Garry Kasparov），成为首个在标准比赛时限内击败国际象棋世界冠军的计算机系统。这一事件意味着人工智能取得重大突破，它不仅标志着人工智能在复杂智力游戏中达到新高度，也为后续在更多领域中应用人工智能技术奠定了基础。

2011年，"沃森"（Watson）作为IBM公司开发的使用自然语言回答问题的人工智能程序，在美国著名智力问答节目《危险边缘！》（Jeopardy!）中亮相。它成功打败了两位人类冠军，还赢得了100万美元的奖金。这一事件标志着人工智能在理解和处理自然语言方面取得重大突破，也展示了机器学习和大数据技术的强大潜力。

2012年，加拿大神经学家团队创造了一个具备简单认知能力、有250万个模拟"神经元"的虚拟大脑，命名为"Spaun"。这个虚拟大脑不仅能够模拟人类大脑的某些基本功能，还通过了最基本的智商测试。这是人工智能和神经科学领域的重大突破，展示了模拟复杂生物神经网络的潜力。

2015年，谷歌公司研发出利用大量数据训练计算机来完成任务的第二代机器学习平台TensorFlow，这一举措使得更多的研究者和开发者能够轻松地使用人工智能的深度学习技术进行创新。同年，英国剑桥大学建立了人工智能研究所，该研究所汇集了一批世界顶尖的科学家和工程师，他们在机器学习、自然语言处理、计算机视觉等多个方向进行深入研究，并取得了一系列重要成果。这些成果不仅加速了人工智能技术的发展，也为解决现实世界中的复杂问题提供了新的可能性。

2016年，谷歌公司开发的人工智能AlphaGo与围棋世界冠军李世石进行了举世瞩目的人机大战，最终李世石与AlphaGo总比分定格在1:4，这一结果证明了人工智能在解决复杂问题上的巨大潜力，展示出人工智能在模式识别、决策制定和问题解决方面的强大能力，同时也引发了关于人工智能伦理、影响和未来发展的广泛讨论。

在成长期，人工智能研究重新焕发活力，联结主义的兴起，特别是神经网络的再度崛起，为人工智能的发展注入了新的活力。同时，随着计算机算力的大幅提升和算法的进步，深度学习技术开始崭露头角，并在多个领域取得显著突破。

4．爆发期

进入爆发期，人工智能开始以惊人的速度发展。2020年，人工智能迎来一个里程碑式的突破，即GPT-3语言模型的发布。这一事件标志着人工智能技术在语言理解和生成方面取得了长足进步。GPT-3由OpenAI开发，是基于Transformer（一种自然语言处理模型）架构的一种自然语言处理预训练模型，它是当时最大、最先进的预训练语言模型之一。GPT-3不仅能够生成连贯、自然的文本，还能根据上下文进行推理和判断。这一技术的突破为人工智能在文本生成、对话系统等领域的应用提供了更广阔的空间。

2021年，OpenAI发布了DALL-E，它是一种能够根据文本描述生成图像的人工智能技术，图1-7所示为DALL-E 3的官方网站。这项技术的推出引发了艺术领域和科技领域的广泛关注，因为它展示出人工智能在创意方面的巨大潜力，为人工智能在图像生成、艺术创作等领域的应用提供了更多的可能性。

图1-7 DALL-E 3的官方网站

2023年，随着生成式预训练转换器（Generative Pre-trained Transformer，GPT）模型的进步，人机对话系统变得更加智能。这些机器人能够执行更复杂的任务，如撰写文章、编写代码，甚至创作音乐等。这些功能的出现使得人工智能在教育、医疗、金融、音乐、网络营销等多个领域展现出巨大的应用潜力和价值。

2024年，OpenAI发布的视频生成模型Sora彻底改变了影视创作的方式，它能够根据文字指令生成高保真的动态影像；英伟达发布的B200芯片将单卡算力进一步提升，能够支撑超万亿参数的模型的训练。

2025年，我国企业推出的DeepSeek以"算法革命+算力平权"双重引擎重构了全球人工智能竞争格局，其推理能力较传统模型提升3倍，性能得到大幅提升。

在爆发期，得益于算力的显著提升、大数据技术的广泛应用以及深度学习等技术的突破，人工智能取得惊人的进展。这一阶段以技术迭代加速、应用场景泛化与全球竞争深化为特征，标志着人工智能从普通的工具变成可以影响社会的一种重要技术力量。

1.2.2 人工智能的发展现状

近年来，人工智能持续取得显著进展，不仅推动了其技术层面的革新，也深刻影响着社会经济的多个领域。下面归纳了一些人工智能的主要发展现状。

1. 机器学习算法持续进步

机器学习算法作为人工智能的核心算法之一，近年来取得了突破性进展。机器学习算法中的深度学习算法，特别是该算法中的卷积神经网络、循环神经网络和生成对抗网络等算法，在图像识别、语音识别、自然语言处理等领域展现出强大的实用性。这些算法的优化不仅提高了识别的准确性和效率，还为人工智能技术的广泛应用奠定了坚实基础。同时，强化学习等算法的不断优化，使得人工智能能够在复杂多变的环境中实现自主学习，进一步拓宽了人工智能的应用场景。

2．算力大幅提升

随着图形处理单元、张量处理单元等专用硬件的快速发展，算力得到显著提升，这为训练复杂的人工智能大模型提供了有力支持，极大地加速了人工智能技术的研发和应用进程。例如，英伟达的图形处理单元（Graphics Processing Unit，GPU）通过张量核心加速矩阵运算，显著提升了人工智能大模型的训练效率。其中，GPU的设计初心是用于处理图形渲染任务，如图像绘制和视频编码解码等，后来逐渐发展成为适用于各种计算任务的强大工具；张量处理单元则是专为张量计算（可以理解为高维数据结构计算）而设计的硬件，它包含的内核数量通常比GPU少，但这些内核是针对张量计算量身定制的，主要应用于深度学习任务。

3．数据资源丰富多样

快速发展的互联网积累了海量数据，为人工智能的训练和应用提供了丰富的资源。这些数据涵盖图像、语音、文本等多种类型，涉及金融、医疗、教育、交通、安防等多个领域。同时，数据标注和预处理技术的进步，使得数据质量显著提升，进一步提高了人工智能处理结果的准确性和可靠性。

4．应用场景丰富多元

人工智能已广泛应用于金融、医疗、教育、交通、安防等多个领域，为人们带来便捷和高效的服务。例如，在金融领域，人工智能助力风险管理、智能投顾等服务的优化；在医疗领域，人工智能在辅助疾病诊断、药物研发等方面的应用日益成熟；在教育领域，人工智能为个性化学习提供有力支持；在交通和安防领域，人工智能通过智能交通管理、智能安防监控等手段，有效提升城市管理和社会治理水平。

5．跨学科融合催生新方向

人工智能的发展离不开与其他学科的交叉融合。目前，人工智能与生物学、心理学、物理学等学科交叉，催生了量子计算等新的研究方向。这些跨学科研究不仅为人工智能的发展提供了新的思路和方法，也为解决复杂问题提供了更多可能。

6．开源生态繁荣发展

TensorFlow、PyTorch、Keras等框架的流行，极大地降低了人工智能的门槛，促进了技术的普及和创新。DeepSeek也是开源模型，它可以更好地助力开发者在低成本的环境下构建高性能应用，其开源成果已被中国工商银行、三大电信运营商等企业广泛应用，并被英伟达、微软等企业接入。

> **AI专家**
> TensorFlow、PyTorch、Keras等都是深度学习框架，深度学习框架是一种开源的、用于构建和训练深度学习模型的软件库。它们通常会提供一套高级的应用程序接口（Application Program Interface，API），使得开发者可以更加便捷地实现复杂的神经网络结构，而无须从头开始编写底层的算法。

7．伦理和法规问题备受关注

随着人工智能的快速发展，其伦理和法规问题也日益凸显。各国政府和企业都在积极探索如何确保人工智能的公平性、透明性和安全性，以实现可持续发展，这包括加强数据隐私保护、提高算法可解释性、增强模型鲁棒性等。

> **AI专家**
> 鲁棒性是英文单词"Robustness"的音译，在中文中也常常被表达为健壮性和强壮性，是指系统在面临内部结构和外部环境变化时，保持其性能和功能稳定的能力。简单来说，一个具有鲁棒性的系统在各种干扰、噪声、故障等不利因素的影响下，仍然能够正常运行，并且保持较好的性能表现。

1.2.3 人工智能的未来展望

近年来，人工智能在技术创新和应用推广方面取得了令人瞩目的成就，展现出强大的生命力和广阔的发展前景。随着技术的持续进步和应用的不断深化，人们对人工智能未来的发展也寄予了更多的期待。以下是对人工智能未来发展的一些展望。

1．人工智能将深度融入日常生活

随着科技的飞速发展，人工智能正逐步跨越技术门槛，更加深入地融入人们的日常生活，成为人类无形的智慧伙伴。例如，家居系统通过多模态感知预判需求，自动调节温湿度、提前准备菜谱等；纳米级可穿戴设备与脑机接口推动健康管理发展，实现疾病预警、精准治疗甚至运动功能重建；教育领域借由神经反馈与全息技术，打造个性化认知增强体系；城市交通依托群体智能形成生物网络式系统，实现空陆协同的零拥堵通行。人工智能助理将演化为用户的数字孪生体，在创作、决策等脑力劳动方面提供高度定制化服务。

2．人工智能将更加智能化

人工智能技术的持续突破，预示着其将更加智能化，步入一个全新的发展阶段。未来的人工智能将拥有更强的自我学习与适应能力，能够通过深度学习不断优化自身算法，更加精准地理解复杂情境与需求。这种"进化"将使人工智能在决策制定上更加明智，不仅能处理海量数据，还能结合情境进行逻辑推理与创造性思考，模拟人类的高级认知功能。此外，人工智能将更加注重伦理与道德考量，通过集成伦理算法，确保技术发展与人类价值观相协调。这一趋势将推动人工智能从工具性应用向更加智能化、人性化的方向迈进，开启一个由人工智能与人类智慧共生共荣的新纪元。

3．人工智能将应用于更多领域

从医疗健康到教育辅导，从智能制造到金融服务，从城市管理到农业生产，人工智能都将发挥重要作用。随着人工智能的飞速发展与广泛应用，未来的人工智能将渗透到各行各业，其应用领域将更加广泛。例如，在文化艺术创作领域，人工智能有望更好地辅助艺术家进行音乐、绘画和文学创作，开拓新的艺术表现形式；在环境保护领域，人工智能有望实现更精确的生态变化监测、自然灾害预测，为绿色发展提供数据

AI资源链接

人工智能助力量子计算

支持；在太空探索领域，人工智能可以更好地帮助航天员进行科学研究，提高太空任务的成功率等。此外，人工智能在心理辅导、社会公益、民族文化遗产保护等领域的应用潜力也尚未被充分挖掘。随着技术的不断进步，未来的人工智能将渗透到这些尚未涉足的领域，为人类带来更多便利。

4．人工智能将加速经济转型升级

人工智能作为新一轮科技革命的核心驱动力，正在加速推动传统产业向智能化、网络化、服务化方向跃迁，成为撬动经济转型升级的战略支点。从微观企业运营到宏观产业生态构建，人工智能正在通过3个维度重塑经济形态，一是以智能算法优化生产函数，提升全要素生产率；二是以数据要素重构价值链条，催生数字经济新体系；三是以人机协同创新组织形态，培育经济发展新动能。

在产业应用层面，人工智能已经深度渗透实体经济领域，人工智能在技术方面的突破不仅带来效率革命，更催生"制造即服务""农业即平台"等新商业模式，推动产业价值链向高附加值环节延伸；在经济结构转型层面，人工智能正在实现从规模经济向范围经济转型，推动就业结构向技术密集型升级；在政策层面，我国正构建"技术—产业—制度"协同创新体系，通过强化基础研发、优化制度供给、拓展应用场景、加速培育新质生产力等，加快推动技术突破与产业集群深度融合，为人工智能加速经济转型注入新动能。

未来，随着脑神经形态芯片（一种可以模拟人类大脑神经元行为的微芯片）突破冯·诺依曼架构的限制，量子计算使算力呈指数级提升，人工智能将推动经济进入"持续进化"的新形态。

● ▭ AI 思考屋 ▭ ◦◦

许多科幻影视作品中都出现过人工智能产生自主意识，摆脱人类控制并威胁人类生存的故事片段。在未来，这种情况是否会在现实中出现？

1.3　人工智能的产业链与商业模式

了解人工智能的产业链与商业模式，对于推动技术创新、指导企业战略、增强公众认知以及应对未来挑战都具有重要意义。这不仅能够帮助企业和投资者做出更明智的决策，还能够为政府提供制定政策的依据。

1.3.1　人工智能的产业链

产业链是指在生产过程中，从原材料采集、加工、生产、销售到最终消费的一系列相互联系、相互依存的环节组成的链条。每个环节都是产业链中不可或缺的一部分，涉及不同的行业和企业。人工智能产业链的结构通常可以分为基础层、技术层和应用层，具体而言，基础层为人工智能产业链的上游环节，包括硬件设备和数据资源，为人工智能提供算力支持和数据服务；技术层为人工智能产业链的中游环节，包括各种通用技术、算法模型和开发平台，是人工智能产业的技术核心；应用层为人工智能产业链的下游环节，包括各种应用产品和应用场景。人工智能产业链的结构如图1-8所示。

图1-8 人工智能产业链的结构

1．基础层

人工智能产业链的基础层在提供算力与数据支撑、构建技术基础以及推动产业发展等方面发挥着至关重要的作用。它是整个人工智能产业的基石，为技术层和应用层提供必要的硬件和软件支撑。

（1）芯片

芯片是现代电子设备和计算系统的核心部件，也被称为集成电路（Integrated Circuit，IC）、微电路、微芯片，是一种将大量微小电子元件（如晶体管、电阻、电容等）集成在单个半导体基板（通常是硅片）上的微型电子电路。

由于人工智能通常需要处理海量数据并进行复杂的数学运算，这些运算对芯片的算力和数据传输速度提出了非常高的要求。传统芯片虽然可以执行各种类型的计算任务，但其架构设计更侧重于通用性和逻辑性，无法高效地处理大规模数据和完成复杂的计算任务，因此需要设计专门的人工智能芯片来满足人工智能的计算需求。

在人工智能领域，芯片可以根据不同的设计架构分为不同的类型，其中较常见的有GPU、现场可编程门阵列、专用集成电路、神经网络处理单元等。

① GPU。GPU广泛应用于人工智能深度学习的训练和推理，具有灵活性强的优点，可以适应多种类型的人工智能任务。但对于特定任务，GPU没有专用集成电路高效，功耗相对较高。图1-9所示为一款GPU的外观效果。

② 现场可编程门阵列。现场可编程门阵列（Field Programmable Gate Array，FPGA）是一种可编程的逻辑阵列，允许用户通过编程配置芯片的具体功能。FPGA可以快速适应算法变化，适用于需要低延迟处理的任务。FPGA常用于人工智能算法的原型设计、硬件加速和特定的推

图1-9 GPU的外观效果

理任务，具有可编程灵活性高和并行计算效率高等优点，但性能相对较低。

③ 专用集成电路。专用集成电路（Application Specific Integrated Circuit，ASIC）是为特定应用定制的芯片，一旦制造完成，其功能就固定不变。这类芯片可以针对特定任务

进行优化，可以提供极高的性能和能效比，适用于移动设备和边缘设备。ASIC可用于大规模部署的人工智能推理任务，如数据中心的数据分析、自动驾驶等，具有针对性强、性能优等特点，但开发成本相对较高，且灵活性差，一旦需求变化，就可能需要重新设计。

④ 神经网络处理单元。神经网络处理单元（Neural Network Processing Unit，NPU）是专门为加速神经网络运算而设计的芯片。与GPU相比，NPU在神经网络推理和训练方面有着显著的性能优势。NPU的特点在于数据流驱动、高并行度和定制化硬件等，这些特点使得这类芯片能够高效地执行卷积、矩阵乘法等神经网络中的核心运算，从而大幅提高计算速度和计算效率。NPU广泛应用于深度学习模型的推理和训练，其优势在于高性能、低功耗和针对神经网络的优化设计。但NPU的设计相对复杂，研发和生产成本也相对较高。

（2）传感器

传感器在人工智能领域中发挥着至关重要的作用，它们作为连接物理世界和数字世界的桥梁，为人工智能提供了感知外界环境的能力。传感器可以将测量到的信息按一定规律变换成可用信号，以满足信息的传输、处理、存储、显示、记录和控制等需求。以压力传感器为例，它利用压力敏感元件来感知外界的压力。当外力作用于这些敏感元件时，它们的形状或尺寸会发生微小的物理变化，这些物理变化随后被转换为电阻值或电容值的变化。为了将这些变化量转换为可读的信号，传感器内部配备了测量电路，该电路能够将电阻值或电容值的变化转换为电压或电流信号，通过分析这些信号，就可以准确地获取到压力信息。

传感器可以根据不同的分类标准进行多种分类。

① 按用途分类。传感器可以分为光电式传感器、压力传感器、位置传感器、能耗传感器等。光电式传感器利用光敏元件将光信号转换为电信号，压力传感器用于测量压力或力的变化，位置传感器可以检测物体的位置或位移，能耗传感器可以监测能量消耗。

② 按工作原理分类。传感器可以分为振动传感器、湿敏传感器、磁敏传感器、气敏传感器、真空度传感器等。振动传感器可以检测机械振动信号，湿敏传感器可以测量环境湿度，磁敏传感器可以利用磁效应检测磁场变化，气敏传感器可以识别特定气体浓度，真空度传感器可以测量真空环境下的压力变化。

③ 按制造工艺分类。传感器可以分为集成传感器、薄膜传感器等。集成传感器采用标准的生产硅基半导体集成电路的工艺技术制造，薄膜传感器则通过在介质衬底基板上沉积相应敏感材料的薄膜来形成。

④ 按应用原理分类。传感器可以分为物理传感器、化学传感器和生物传感器。物理传感器利用物质的物理性质变化工作，化学传感器将化学量转换为电学量，生物传感器利用生物特性（如酶、核酸、微生物等）检测生物成分。

💬 AI 拓展走廊

智能传感器是具有信息处理功能的传感器，这类传感器带有微处理器，具有采集、处理、交换信息的能力。智能传感器能够自动收集环境数据，并在传递数据之前预处理数据，减少错误。在结构、功能和应用场景等方面，智能传感器都与传统传感器存在差异，它以高精度、高可靠性、高性能价格比和多功能化等特点，正在逐步取代传统传感器。

（3）大数据

麦肯锡全球研究所给大数据下的定义是：一种规模大到在获取、存储、管理、分析方面大大超出传统数据库软件工具能力范围的数据集合，具有海量的数据规模、快速的数据流转、多样的数据类型和价值密度低四大特征。

AI资源链接

字节单位换算

① 海量的数据规模。大数据通常指数据量巨大到传统的数据处理软件无法处理的数据集，其数据量一般达到拍字节（PB）甚至艾字节（EB）级别。

② 快速的数据流转。大数据的生成速度非常快，很多数据都是实时产生的，这需要数据处理软件能够快速响应和处理这些数据，以支持实时分析和决策。

③ 多样的数据类型。大数据包含多种类型的数据，如结构化数据、半结构化数据和非结构化数据。这种多样性使得数据分析更加复杂，但也提供了更丰富的信息。

④ 价值密度低。虽然大数据中包含的数据多，但并不是所有的数据都是有用的。实际上，大数据中的绝大部分内容可能是冗余的或者与分析目标无关的。因此，从大数据中提取有价值的信息就变得很重要，这需要高效的数据挖掘和分析技术的支持。

大数据是推动人工智能发展的重要动力，它对人工智能的价值主要体现在以下5个方面。

① 提供丰富的训练素材。在机器学习中，为了训练出高效、准确的人工智能大模型，需要输入大量的数据。这些数据不仅要求数量大，而且还要有多样性和代表性，以确保模型在各种情况下都能表现出色。通过接触和分析这些海量的数据，人工智能能够逐渐掌握各种知识和技能，从而能够对新的情况做出比较准确的判断。例如，图像识别技术的发展离不开大量图像数据的训练，语音识别技术也需要大量的语音数据来训练。

② 优化模型性能。通过对大量数据的分析和比较，人工智能可以发现模型中的不足之处，并有针对性地调整和改进。大数据为模型的优化提供了丰富的反馈信息，使得模型的准确性得到提高。在机器学习中通过将大量带有标签的数据输入模型，模型可以根据数据的特征和标签之间的关系，不断调整自身的参数，以提升对数据的适应性和预测的准确性。大数据使得这种调整过程更加高效。

③ 促进算法创新。在面对海量数据时，传统的算法可能会遇到计算效率低、模型复杂度高等问题。为更好地处理大数据，科学家们不断探索和开发新的算法和技术。例如，深度学习就是为了应对大数据环境下的图像识别、语音识别等任务而开发的算法。深度学习通过构建多层神经网络结构，能够自动地从数据中提取特征和规律，极大地提高了人工智能的处理能力和准确性。

④ 拓展应用场景。随着大数据技术的不断发展，人工智能数据收集和处理能力大大提升，大数据的多样性和实时性为人工智能开辟了新的应用场景。例如，智能推荐系统通过分析用户行为数据实现个性化推荐，工业物联网利用传感器数据优化生产流程，医疗领域借助多模态数据提升疾病诊断精度。此外，大数据支持跨场景迁移学习，使人工智能大模型能够快速适应不同行业的需求，如金融风控、城市交通管理等。同时，实时数据处理技术也推动自动驾驶、智能客服等进一步发展。

⑤ 推动产业发展。随着人工智能的不断进步和应用场景的拓展，越来越多的企业开始重视大数据的价值，并积极投入资源进行大数据的研发，这为人工智能产业的发展提供了间接性的有力支持。同时，大数据和人工智能的结合还为企业创造了竞争优势，二

者的融合应用也成为许多企业关注的焦点，间接推动人工智能产业的发展。

（4）云计算

云计算是一种基于互联网的计算模式，该模式由位于网络中央的一组服务器把其计算、存储、数据等资源以服务的形式提供给请求者，以完成信息处理任务。用户只需通过互联网使用这些资源即可。

例如，一家小型创业企业的主要业务是开发一款在线协作软件，允许用户在线编辑文档、表格和演示文稿。为此，这家企业需要大量的服务器资源来支持软件的运行和数据处理，也需要足够的带宽来保证用户访问的速度，更需要保证用户数据的安全性和软件的稳定性。考虑到自身的规模和财力等实际情况，该企业决定不购买和维护服务器硬件，而是选择使用云计算服务提供商的服务，即租用云计算服务提供商的虚拟服务器、存储空间和网络资源，这些资源位于云计算服务提供商的数据中心，由提供商负责维护和管理底层硬件。企业的开发团队通过互联网访问这些虚拟服务器，部署和运行他们的在线协作软件，用户只需通过互联网连接到云计算服务提供商的云平台便可使用该软件。

云计算所提供的服务较多，常见的主要包括基础设施即服务（Infrastructure as a Service，IaaS）、平台即服务（Platform as a Service，PaaS）以及软件即服务（Software as a Service，SaaS）这3种。

① IaaS。IaaS提供了联网功能、虚拟化计算资源（如虚拟机、存储、网络）等，用户可以远程访问这些资源并管理自己的操作系统、应用程序和数据库。IaaS的灵活性高，使用该服务的企业可以根据需求自行安装和管理操作系统、数据库等，并可按使用量付费，无须在前期进行大规模的硬件投资。IaaS适用于需要灵活管理互联网基础设施的企业，如初创企业、中大型企业等。

② PaaS。PaaS提供了一个包含操作系统、中间件、数据库和运行库等软件的平台，用户可以在上面部署、管理和运行自己的应用程序。PaaS简化了开发流程，提供了开发工具、数据库管理、业务分析工具等一系列实用功能和工具，使用该服务的企业无须关心底层硬件和操作系统的维护，能有效提高应用程序的开发效率。PaaS适用于那些希望快速开发和部署应用程序的企业。

③ SaaS。SaaS提供了完整的软件应用程序，用户无须在本地安装或维护软件，通常可以通过网页浏览器访问这些应用程序，即开即用，所有操作都在云端进行，软件自动进行更新和维护。SaaS使企业减少了软件的本地部署和维护成本，适用于需要经常使用各种类型软件如企业资源计划系统、客户关系管理系统和办公软件的企业。

云计算也是推动人工智能发展的重要力量。

首先，云计算提供了强大的算力和存储能力，使人工智能可以在大规模的数据集上进行训练和推理。这对人工智能的发展很重要，因为人工智能算法通常需要处理大量的数据，进行复杂的计算。云计算通过虚拟化技术，将物理计算资源整合成虚拟资源池，人工智能开发者可按需快速获取算力（如GPU集群），并在训练高峰期弹性扩展资源，缩短模型迭代周期。此外，虚拟化环境的快速部署能力（如模板化配置）使人工智能开发者得以高效测试不同的算法框架，并快速上线推理服务。

其次，利用云计算的弹性计算能力，人工智能大模型开发者可以快速进行算法训练和模型优化，节省大量时间和计算资源，提高人工智能大模型的准确性和效率。

此外，云计算降低了人工智能应用的使用门槛和成本。通过云计算，企业和个人可以随时随地访问人工智能应用，无须购买和维护昂贵的硬件设备，降低了使用成本。这使更多的企业和个人能够使用人工智能应用，推动了人工智能的普及和发展。同时，云计算还提供丰富的工具和服务，帮助企业和个人解决人工智能应用中的问题，降低了技术门槛。

最后，云计算为人工智能的创新和发展提供了更好的条件。企业和研究机构可以通过云计算平台进行合作，共享数据资源，加速人工智能的研发和应用。云计算还提供强大的技术支持和服务，为人工智能算法训练和部署提供高性能计算集群及存储阵列等基础设施，推动了人工智能技术的不断创新。

2. 技术层

技术层是人工智能产业链的核心部分，对应用层产品的智能化程度和场景应用起到决定性作用。技术层主要包含通用技术、算法模型和开发平台。

（1）通用技术

通用技术是指不特定于某个单一行业或领域，而广泛适用于多个行业或领域的技术。这些技术具有普遍性、基础性和通用性特征，这使得这些技术能够在不同的应用场景中发挥重要作用，为各行各业提供必要的技术支持和服务。

人工智能的通用技术主要指能够广泛应用于不同领域，能够模拟、延伸和扩展人类智能的技术。这些技术不仅涵盖多个学科领域的知识，还体现了人工智能技术的核心能力和特点。例如，研究如何使机器能够"看见"的计算机视觉技术，研究如何使机器理解自然语言的自然语言处理技术，以及研究如何使机器能够"听见"的语音识别技术等，都属于人工智能的通用技术。

通用技术为人工智能提供了基础的理论框架和方法论，其发展推动着人工智能技术不断创新和突破。同时，通用技术可以提高人工智能在处理复杂任务时的准确率，使得人工智能能够更好地适应不同的应用场景和任务。

（2）算法模型

算法和模型是两个不同的概念，其中，算法是解决某一特定问题的步骤或规则集合。在人工智能领域，算法是用于训练模型、优化参数和执行推理的数学规则和计算方法。算法是训练模型的核心，通过不断优化模型参数以最小化误差或最大化性能。模型在人工智能中通常指的是通过训练数据学习到的算法和参数的集合，用于执行预测、分类、回归或其他数据处理任务，也就是常说的人工智能大模型。一个人工智能大模型通常由架构、参数和训练方法组成。人工智能大模型会根据输入数据和设计目标进行调节，从而生成合理的输出结果。

例如，假设某房地产经纪人需要预测某地区房价的涨跌，此时他可能会采用一种叫作"线性回归"的算法，这种算法的核心思想是找到一条最佳的拟合直线，使得实际结果与预测结果之间的误差最小。他可以通过建立变量之间的线性关系来拟合一条直线或超平面来预测连续型变量的值。此时算法中的自变量（特征）可以是房屋的面积、位置、房龄等，而因变量（目标）则是房价。

在已经选择好算法的基础上，接下来需要构建一个模型，这个模型将基于收集到的房屋数据（包括面积、位置、房龄和房价等信息）进行训练。在训练过程中，线性回归算法会尝试找到最佳的拟合直线，即确定直线的截距和斜率。基于这些参数（截距和斜率）之间的关系可构成模型。一旦模型训练完成，就可以使用它来预测房价。此时只需输入房屋的面积、位置、房龄等信息，模型便会基于这些特征和之前学到的参数（截距和斜率）及其关系来预测出房价。

总的来说，算法是解决问题的方法或步骤，告诉人们如何根据数据得到结果。模型则是基于算法和数据训练得到的结果，在此过程中，模型从数据中学习到参数和规则。

就人工智能产业链而言，机器学习算法、神经网络模型等对人工智能的意义十分重大，它们是人工智能技术的核心组成部分，对人工智能的发展和应用起着重要作用。在这些算法和模型的支持下，人工智能能够从海量数据中提取特征、发现规律，并做出准确判断和预测，不断实现自我性能优化，同时与其他新兴技术接轨，拓展人工智能的应用边界。

（3）开发平台

在人工智能产业链的技术层中，开发平台为人工智能应用的开发提供了强大的支持和便利。开发平台主要包括基础开源框架和技术开发平台两个部分。

① 基础开源框架。基础开源框架是指为开发者提供基础算法、数据结构和工具集的开源软件库或平台。这些框架使得开发者能够更高效地构建、训练和部署人工智能大模型，而无须从头开始编写所有代码。基础开源框架的代码是公开的，开发者可以自由地查看、修改和使用。框架通常支持多种算法和模型，开发者可以根据具体需求选择。开发者也可以在框架的基础上添加自定义的功能和模块，以满足特定应用的需求。例如，TensorFlow、PyTorch等都是常用的基础开源框架。

② 技术开发平台。技术开发平台通常是一个完整的集成开发环境，集成了数据处理，模型开发、训练和部署等多个环节，旨在为开发者提供便捷、高效的人工智能应用开发环境和工具支持。许多技术开发平台还支持可视化编程和数据可视化，使开发者可以直观地理解数据和模型的表现。除此以外，技术开发平台还支持多人协作开发，具有良好的扩展性，并具备先进的加密技术和数据管理策略，确保数据的共享与安全。例如，华为云AI开发平台ModelArts、阿里云机器学习平台PAI、腾讯云TI平台、百度机器学习（BML）全功能AI开发平台等均是常用的技术开发平台。

> **AI专家**　技术开发平台更注重提供便捷、高效的开发环境和工具支持，而基础开源框架则更侧重于提供底层的算法和工具集。技术开发平台更适合需要快速构建和部署人工智能应用的情况，而基础开源框架则更适合需要进行深入算法研究和定制开发的情况。

3．应用层

人工智能产业链的应用层是将人工智能技术应用于特定行业，结合行业数据和场景，开发出特定的软硬件产品或解决方案的环节。应用层包括应用产品和应用场景。

（1）应用产品

应用产品是指基于某种技术或理论，为了满足特定需求或解决特定问题而开发出来的具体产品或服务。在人工智能领域，应用产品可能包括智能音箱、自动驾驶汽车等，如图1-10所示。这些产品通过集成人工智能技术，提供更高级别的自动化、智能化和个性化服务。

应用产品的核心在于其能够满足用户的实际需求，提供便捷、高效、准确的解决方案。在开发过程中，需要充分考虑用户的使用习惯、场景需求以及产品的可行性、稳定性和安全性等因素。

图1-10　智能音箱（左）和自动驾驶汽车（右）

（2）应用场景

应用场景则是指应用产品在实际生活中被使用的具体环境和情境。它描述了产品如何在实际环境中发挥作用，以及用户如何与产品进行交互。在人工智能领域，应用场景可能包括智能家居控制、自动驾驶出行、医疗影像诊断、智能推荐等。

应用场景的设定对于产品的开发和优化很重要。通过深入了解目标用户的使用场景，开发者可以更好地理解用户需求，从而设计出更符合用户期望的产品。同时，应用场景的多样性也要求产品具备高度的灵活性和可扩展性，以适应不同环境和需求的变化。

1.3.2　人工智能的商业模式

商业模式是指企业或组织为了实现盈利目标与其他企业、组织或用户等的交易关系和连接方式。人工智能的商业模式多种多样，且会随着技术的发展和市场需求的变化而不断创新和发展。目前主流的几种商业模式有人工智能即服务模式、人工智能平台模式、垂直领域解决方案模式、数据驱动模式和混合模式。

（1）人工智能即服务模式

人工智能即服务模式是将人工智能技术转化为一种可订阅的服务，提供给其他企业或个人使用，以解决他们的特定问题。这些服务涵盖广泛的领域，如使机器能够理解并响应人类语音指令的语音识别服务，用于识别照片或视频中的物体、人脸的图像识别服务，根据个人的偏好和历史行为提供个性化内容推荐的推荐系统服务等。

人工智能即服务模式可以通过直接销售人工智能技术的使用权或订阅服务来获得收益，也可以通过提供额外的技术支持、定制化开发和系统升级服务等收取相应费用。

（2）人工智能平台模式

人工智能平台模式为企业和开发者提供了一个集成的开发环境，使他们能够方便地构建、训练和部署人工智能大模型。人工智能平台通常集成了先进的开发工具、预训练模型库、自动化机器学习工具以及云计算资源，极大地简化了人工智能项目的开发流程。此外，平台还可能提供社区支持、教程、文档等资源，帮助企业或开发者解决技术难题，促进知识共享。

人工智能平台模式可以通过收取软件许可费或授权费，允许企业或开发者使用平台上的人工智能工具或大模型；可以通过提供云计算资源支持人工智能大模型的训练、部署和推理，按使用量或时长收取费用；也可以与第三方合作，通过分成模式共享人工智能应用的收益。

（3）垂直领域解决方案模式

垂直领域解决方案模式专注于为特定行业或领域提供定制化的人工智能解决方案，

以满足其独特的需求，如智能医疗、智能交通、智能零售等。垂直领域解决方案模式要求深入理解目标行业的业务流程、法规要求及用户需求，通过定制化的人工智能解决方案来提升行业效率、降低成本并增强用户使用体验。

垂直领域解决方案模式可以通过为特定行业或企业提供定制化的人工智能解决方案来获取收益，也可以通过提供后续维护和升级服务，确保人工智能系统的持续稳定运行来收取维护费用，还可以通过提供基于人工智能的数据分析、预测和决策支持等增值服务来实现盈利。

（4）数据驱动模式

数据驱动模式以数据为核心，通过收集、整理和分析大量数据，运用机器学习、深度学习等人工智能算法挖掘数据中的隐藏价值，并向企业提供相关洞察信息或服务，如个性化产品推荐、精准广告投放等。

数据驱动模式可以通过出售高价值的数据集获取收益，也可以基于平台用户数据为广告主提供高效的推广渠道，并收取广告费用，还可以提供基于数据的行业洞察、市场趋势预测等咨询服务，并收取咨询费用。

（5）混合模式

混合模式结合上述多种商业模式的元素，可以适应不断变化的市场需求和企业发展战略，灵活性高。例如，一家传统制造企业可能将人工智能技术融入其生产线，实现智能制造，提升生产效率；企业也可能开发一个人工智能服务平台，为其用户提供定制化的人工智能解决方案。此外，企业也可以与其他机构进行联合研发，共同开发人工智能应用，共享收益。

• AI 思考屋 ∘∘∘∘∘∘∘∘∘∘∘∘∘∘∘∘∘∘∘∘∘∘∘∘∘∘∘∘∘∘∘∘∘∘∘∘∘

你是否使用过文心一言、讯飞星火等人工智能服务平台？这些平台会提供各种智能服务，那么它们如何盈利呢？请从商业模式的角度分析其盈利方式。

1.4 人工智能对人才的能力要求

人工智能时代对人才的要求呈现出多元化、复合化和专业化的特点。大学生需要在专业、学习、社交等方面不断提升，以适应时代发展的要求。

1.4.1 专业能力

专业能力是指个体在特定领域内，通过学习、实践和经验积累所获得的知识、技能和素质的综合体现，它使个体能够有效完成该领域的工作任务并达到一定的职业标准。人工智能对大学生的专业能力要求如下。

（1）专业知识。大学生需要具备扎实的数学基础，包括统计学、线性代数等，这是理解和应用人工智能算法的基础。同时还需要熟悉计算机科学的基本理论，如数据结构、算法设计、操作系统等，以及熟悉人工智能的核心算法，如机器学习、深度学习等算法。

（2）专业技能。大学生应具备将理论知识应用于解决实际问题的能力，能够简单应用人工智能算法，解决具体的技术问题。此外，还需要熟练使用至少一种编程语言（如

Python、C++），并能运用开发工具和平台进行软件开发和数据分析。

（3）实践经验。除了理论知识外，实践经验同样重要。大学生应积极参与科研项目、实习或竞赛等活动，积累实际操作经验。通过实践，大学生可以更好地理解理论知识、掌握专业技能，并学会如何在实际场景中应用这些知识和技能。

（4）跨学科学习。由于人工智能涉及多个学科的知识和技术，如数学、计算机科学、认知科学、心理学、统计学等，因此大学生需要具备跨学科的知识结构和思维方式。这意味着大学生需要了解不同学科的基本原理和方法论，能够将不同领域的知识和技术进行整合和应用。通过跨学科的学习和实践，大学生可以拓宽自己的视野，提高解决问题的能力，并在人工智能领域取得更加全面的发展。

1.4.2　学习能力

学习能力是指个体获取、处理和应用各种知识与技能的能力和潜力，它不仅包括自主学习的能力，还包括创新能力、独立思考能力等。人工智能对大学生的学习能力要求如下。

（1）自主学习能力。在人工智能时代，知识的更新速度极快，大学生需要培养自我学习意识，能够主动学习新知识和技能。在学习过程中，大学生应合理规划自己的学习路径，监控学习进度，并根据实际情况调整学习方法。同时定期进行自我评估，找到学习中的不足，及时调整，以提高学习效率。

（2）创新能力。在人工智能领域，创新能力也很重要。大学生应培养独立思考和解决问题的能力，能够在现有技术基础上提出新颖的解决方案。同时还应关注行业动态，了解最新研究成果和技术趋势，以保持竞争力和获取灵感。

（3）独立思考能力。大学生在面对复杂问题时，应能够独立思考，识别关键问题并提出合理的分析框架，并能够运用逻辑推理来评估不同观点和论据，形成基于证据的判断。大学生还可以结合创新思维，从多个角度审视问题，提出创新的解决方案。

（4）持续学习能力。大学生应认识到学习是一个持续的过程，始终保持对学习的热情，积极主动地谋求更长远的发展。同时，大学生在学习过程中应能够有效利用各种学习资源，如在线课程、图书馆、研讨会等，不断学习与进步。

1.4.3　社交能力

社交能力是指个体能够比较妥善地处理组织内外关系的能力，这种能力包括良好的沟通能力、理解与尊重他人、团队合作与领导力等。

（1）良好的沟通能力。大学生需要具备良好的沟通能力，这包括清晰、准确地表达自己的观点，以及倾听和理解他人的意见和需求。在团队合作、项目协作等场景中，良好的沟通能力能够促进成员间的协作，提高工作效率。

（2）理解与尊重他人。在社交过程中，大学生应学会理解并尊重他人的感受和立场。这有助于建立积极的人际关系，减少冲突和误解。

（3）团队合作与领导力。在人工智能项目中，往往需要团队成员之间的紧密合作。因此，大学生需要具备团队合作精神，能够积极参与团队活动，为团队目标做出贡献。同时，领导力也是社交能力的重要方面，它要求大学生能够在团队中发挥引领作用，勇于承担责任，并带领团队完成任务。

（4）较强的适应能力。随着人工智能技术的不断发展，新的社交场景和方式不断涌现。大学生需要具备适应新环境和新社交方式的能力，能够快速融入新的社交圈子，与他人建立良好的关系。

（5）社交冲突解决能力。在社交过程中，难免会遇到各种冲突和矛盾，大学生需要具备解决社交冲突的能力，能够冷静、理性地处理矛盾，维护良好的人际关系。

1.4.4　其他能力

在人工智能时代，大学生除了需要具备专业能力、学习能力和社交能力外，还应注重培养以下3种能力，进一步提升自身素养，提高竞争力。

（1）时间管理与自我管理能力。在人工智能时代，工作节奏加快，时间成为宝贵的资源。大学生需要学会有效地管理自己的时间，制订合理的学习计划，合理分配时间，提高学习效率。同时，大学生还需要具备良好的自我管理能力，能够保持积极的心态，克服拖延和懒惰，持续推动自己向前发展。

（2）抗压能力与心理调适能力。大学生在面对挑战和压力时，需要具备良好的抗压能力，应学会调整自己的心态，保持冷静和理性，积极应对各种困难和挫折。同时，大学生还需要具备心理调适能力，能够在遇到心理问题时主动运用心理健康的相关知识和方式进行自我调节，保持心理健康。

（3）跨文化交流能力。随着全球化的深入发展，跨文化交流变得越来越频繁。大学生需要具备跨文化交流的能力，能够理解和尊重不同文化背景下的价值观和行为习惯。这有助于大学生在后续的跨国交流与合作等相关工作中更好地与他人沟通和协作，促进文化的交流和融合。

1.5　课堂实践

1.5.1　体验人工智能的语音识别技术

1. 实践目标

小王本打算今天在计算机上撰写一份工作总结，以便明天打印出来交给部门经理，但是早上出门时不小心弄伤了手指，导致无论是打字还是手写都不方便。正在小王发愁之际，老张告诉小王可以借助人工智能技术，将输入的语音转换为文字。本次课堂实践便与小王一起，体验人工智能的语音识别技术。

2. 实践内容

本次课堂实践的具体操作如下。

（1）打开计算机上的浏览器，利用搜索引擎搜索"灵云"，并在搜索到的结果中单击"灵云——赋能百业 共享AI未来"超链接，访问灵云官方网站。

（2）将鼠标指针移至页面上方的"开放平台"上，在自动弹出的下拉列表中单击"智能语音"栏下的"语音识别"，如图1-11所示。

微课视频

体验人工智能
的语音识别
技术

图1-11 单击"语音识别"

（3）进入灵云的语音识别页面，在右下角的下拉列表框中选择场景模式，如这里选择"会议"选项，单击 开始录音 按钮，如图1-12所示。首次使用时，需要允许使用麦克风等声音输入设备（确保这类设备可以正常使用）才能录音。

图1-12 选择场景并开始录音

（4）对着麦克风录入需要转换的内容，灵云将记录声音信号。录入完成后单击 结束录音 按钮，如图1-13所示。

图1-13 结束录音

（5）灵云开始识别语音内容，稍后便会将识别到的内容以文字的形式显示在文本框中。此时可以移动鼠标指针选择文字，在其上单击鼠标右键，在弹出的快捷菜单中选择"复制"命令，如图1-14所示。此后便可打开Word文档等文字处理软件，粘贴文字并做适当调整，从而完成工作总结文档的制作（配套资源：效果文件\第1章\工作总结.docx）。

图1-14 复制文字

1.5.2 制订人工智能人才能力提升计划

1．实践目标

当前，我国人工智能行业发展如火如荼，人工智能应用落地进展迅速。根据中国互联网络信息中心发布的《生成式人工智能应用发展报告（2024）》，我国生成式人工智能产品的用户规模已超过2亿人，核心产业规模已接近6000亿元人民币。小刘是大一新生，看到人工智能的火热发展，便想利用业余时间提高自己在人工智能方面的能力，以成为专业的人工智能人才。请帮助小刘制订一份人工智能人才能力提升计划，让他在大学4年内能够成为人工智能行业所需要的人才。

2. 实践内容

人工智能是一门跨学科的技术，需要学习的知识较多。为了合理地利用有限的时间，达到提升能力的目标，可以分为4步进行学习，大体计划如下。

（1）大学第一年是打基础的一年，努力学习数学、编程和计算机科学基础知识，同时主动了解人工智能领域的消息。这一年需要重点学习微积分、线性代数、概率论与数理统计，掌握Python编程，提升编程技能，学习数据结构和算法，学习计算机网络、操作系统、数据库原理等知识，同时需要阅读人工智能领域的科普图书和文章，关注人工智能科技评论，了解最新的人工智能进展和应用。

（2）第二年需要深入学习专业知识并进行初步实践，这一年需要学习机器学习与深度学习算法基础知识，并能够参加人工智能的竞赛项目，同时需要了解与人工智能相关的伦理与法律知识。

（3）第三年需要深入学习人工智能专业知识，同时探索与其他学科的交叉融合，拓宽视野。这一年需要深入掌握机器学习与深度学习算法知识，探索人工智能在医学、金融、教育等不同领域的应用情况，并参加跨学科的研究项目或实习。在这一年，还需要提高沟通、团队协作和项目管理等能力，能够明确未来的职业方向。

扫一扫

人才能力提升
计划

（4）第四年可以通过实习将所学知识应用于实际工作中，为就业做好准备。这一年的重点是在实习中运用所学的人工智能知识，并在实际工作中学习更多的实用知识和积累工作经验。同时，还需要完成与人工智能相关的毕业设计（如有需要），准备求职简历，积极参加招聘会，并保持持续学习的习惯。

知识导图

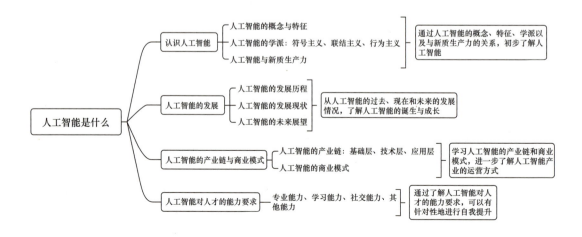

人工智能素养提升

培养数据敏感度

数据在人工智能发展中具有重要作用，它不仅是训练人工智能模型的基石，更是创新思维的催化剂。提高自身对数据的敏感度，有助于更好地胜任人工智能领域的相关工作。

数据敏感度是指一个人对数据的敏锐察觉能力和对数据背后意义的洞察力。这不仅是对数字的敏感，更是对数据的深刻理解和洞察。数据敏感度高的人在看到数据时能够迅速判断其可靠性和背后的有效信息，而数据敏感度低的人则可能对数据无感或无法从中发现有价值的信息。例如，有消息称某歌手2024年全年举办了将近400场演唱会，平均每场演唱会门票销售额为800万元，累计门票销售额超过30亿元。看到这条信息，对数据敏感度低的人可能只会感觉到门票销售额的数额巨大，不会核对该销售额的数据正确与否；对数据敏感度高的人不仅会核对数据的准确性，还会质疑消息的真实性，全年举办了400场演唱会，那么就算全年无休的情况下，该歌手每天都要举办超过1场的演唱会，这显然是不合理的，因此可以判断这条消息有误。

培养数据敏感度是一个综合性的过程，涉及数据化思维的建立、图表解读能力的提升以及批判性思维的培养。

首先，建立数据化思维是基础。这要求我们深入理解所在领域或行业的业务逻辑，明确关键指标，并将查看和分析数据作为日常工作的一部分。通过不断积累经验，逐渐培养起对数据的直觉和敏感度，学会用数据来指导决策，提升工作的效率和准确性。

其次，提升图表解读能力也很重要。图表是数据可视化的一种重要形式，有助于我们更直观地理解数据。因此，我们需要熟悉各种图表类型及其特点，学会正确判读坐标系统，从图表中提取关键信息，并判断数值的变化趋向。通过大量的练习和实践，我们可以逐渐提高自己的图表解读能力，更准确地把握数据背后的信息和规律。

最后，批判性思维的培养对于提高数据敏感度同样不可或缺。在处理数据时，我们需要保持谨慎和质疑的态度，合理地质疑数据的来源、准确性和有效性。同时，我们还要学会从多个角度分析和评估数据，挖掘数据背后的深层信息。通过挑战现有假设和参与实际项目，我们可以培养自己的批判性思维，提升对数据的敏感度和洞察力。

思考与练习

1. 名词解释

（1）人工智能　　　　　　　　　　（2）新质生产力
（3）大数据　　　　　　　　　　　（4）云计算

2. 单项选择题

（1）人工智能领域最早的学派是（　　　）。
　　A. 符号主义　　　　　　　　　　B. 联结主义
　　C. 行为主义　　　　　　　　　　D. 符号主义与联结主义

（2）世界上第一个人机对话系统是（　　）。

    A．Unimate   B．ELIZA

    C．Shakey   D．Deep Blue

（3）以下选项中，最初设计用于处理图形渲染任务的芯片是（　　）。

    A．CPU   B．GPU

    C．FPGA   D．ASIC

（4）以下选项中，不是大数据的特征的是（　　）。

    A．海量的数据规模   B．快速的数据流转

    C．多样的数据类型   D．高价值密度

（5）云计算的服务模式中，提供虚拟化计算资源的是（　　）。

    A．IaaS   B．PaaS

    C．SaaS   D．DaaS

（6）用于训练模型、优化参数和执行推理的数学规则和计算方法称为（　　）。

    A．算法   B．模型

    C．基础开源框架   D．技术开发平台

3．简答题

（1）人工智能具有哪些特征？请通过具体的案例进一步加以说明。

（2）人工智能如何赋能新质生产力？

（3）简单解释什么是图灵测试。

（4）简述人工智能的发展现状与未来。

（5）人工智能的商业模式有哪些？

（6）总结人工智能对人才各方面的能力要求。

4．能力拓展题

随着人工智能技术的飞速发展，人工智能在各个领域的应用日益增多，从金融、医疗到教育、交通等，人工智能正深刻改变着人们的生活方式和社会结构。大学生小智也希望进入人工智能领域，从事研发智能机器人方面的工作，但他不知道需要学习哪些知识来提升自己的能力和竞争力，请帮小智制订一套全面的学习计划。

第 2 章 人工智能如何工作

在科技日新月异的今天，我们的生活被各种智能设备和智能技术环绕。从智能手机到智能家居，从自动驾驶技术到智能医疗诊断，人工智能正以前所未有的速度改变着我们的生活。这些看似拥有"智慧"的机器到底是如何工作的呢？它们是如何从海量的数据中提取出有价值的信息，并做出精准的预测和决策？

带着这些疑问，我们将揭开人工智能的神秘面纱，深入了解它的三大要素，即数据、算力和算法。此外，我们还将探讨机器学习和深度学习算法的奥秘，了解这些算法是如何让人工智能变得更加智能和高效的。

课前预习

学习目标

知识目标

（1）掌握人工智能的工作流程。
（2）熟悉人工智能的三大要素。
（3）掌握机器学习的概念、分类和常见算法。
（4）了解人工神经网络和深度学习的概念，以及常见的深度学习算法。

素养目标

（1）提升分析和解决问题的能力。
（2）激发创新思维，积极思考如何将人工智能技术应用到不同的领域当中。
（3）培养数字素养，合理利用算法。

引导案例

"基因+影像"双擎驱动，开启精准诊疗新时代

深圳华大基因科技有限公司（以下简称"华大基因"）宣布，其自主研发的人工智能医疗算法模型已实现阶段性突破，通过整合基因测序数据与医疗影像分析，显著提升疾病筛查与诊疗效率。

华大基因一直在积极构建全球领先的多组学（一种跨学科研究方法）数据库，为人工智能模型的训练与优化提供丰富的数据资源，并相继开发了基因检测多模态大模型GeneT、基因组咨询平台ChatGeneT和智能化疾病防控系统13311i。其中，GeneT利用超过百万级的高质量数据，同时通过构建百亿级的高质量标记，并结合专家解读经验，可以实现对全基因组数据的精准解读。该模型通过深度学习算法，可同步解析基因变异，如肿瘤驱动突变、遗传病相关位点等，结合医学影像特征，如CT（Computed Tomography，计算机体层扫描）、磁共振成像，能够生成综合诊断建议。

在肿瘤诊疗方面，华大基因基于多组学技术的肿瘤早筛人工智能模型，可检测血液中特殊的循环肿瘤基因突变信号，溯源准确率较高。该技术辅助完成了大量肿瘤高风险人群筛查，假阴性率较低。

此外，根据近几年深圳三甲医院的试点数据，华大基因通过整合多基因风险评分（Polygenic Risk Score，PRS）与动态健康监测数据，如血糖、心电数据等，构建了个人健康画像系统。此系统在糖尿病等慢性病管理场景中，使患者并发症的发生率显著降低。

根据华大基因官方网站的数据，截至2024年上半年，华大基因人工智能辅助诊断工具已覆盖全国多个省份的基层医疗机构，完成超750万例的HPV（人乳头状瘤病毒）分型检测，以及超1600万例的无创产前检测，惠及社会大众。

华大基因还与北京协和医院就罕见病大模型进行深度合作，双方均致力于通过人工智能技术对未被诊断的患者进行重点分析，挖掘潜在的基因突变共性。另外，华大基因

还与华西医院等多家三甲医院共建人工智能联合实验室，完成了大量的跨模态数据训练。其研发的 GeneT 模型已通过国家药品监督管理局三类医疗器械算法认证，不久之后可能投入临床商用，让更多的群众受益。

　　【案例思考】
　　（1）华大基因研发的 GeneT 是如何在肿瘤筛查这个医疗场景中应用的？
　　（2）华大基因将人工智能与医疗相结合有哪些好处？

2.1　人工智能的工作流程与三大要素

　　人工智能非常聪明，它能够识别照片、理解人类的语言，甚至还能下棋、表演。那么，它的工作流程到底是怎样的？下面我们便来揭开人工智能的面纱。

2.1.1　人工智能的工作流程

　　人工智能要解决的问题是如何使机器变得智能化，让机器能够表现出与人类相似的智能，它的工作流程主要涉及数据收集、数据预处理、模型选择、训练模型、测试与评估、模型优化、部署以及持续学习等环节。

1．数据收集

　　数据收集是人工智能工作的第一步，它涉及从各种来源获取原始数据，这些数据可以是结构化的（如数据库中的表格数据）或非结构化的（如图像、文本、声音等）。数据收集是开发人工智能的重要工作之一，所收集数据的质量、数量和种类，对于训练出的人工智能大模型有非常大的影响。

2．数据预处理

　　收集数据后，需要预处理数据，以提升数据质量，更好地为训练模型服务。预处理数据涉及数据的清洗、转换、增强等内容，清洗数据包括去除噪声和无关信息、处理缺失值和异常值等，转换数据包括编码数据、调整数据类别等，增强数据则是通过变换和修改数据来增加数据多样性和扩充数据集的规模。

3．模型选择

　　模型选择是指选择合适的模型，无论是简单的线性回归模型，还是复杂的神经网络模型，只要是能够解决问题的模型都可以使用，许多人工智能大模型实际上都是综合了多种算法和技术的混合模型。选择模型时，要考虑模型的准确性、复杂度、计算资源和可解释性等因素。

4．训练模型

　　选择好模型后，就进入训练模型的环节，这对人工智能的应用是非常关键的。训练模型的关键在于调整模型参数，以最小化预测误差。训练时一般可以将数据分为两组，即训练集和验证集，训练集用来训练模型的数据集，验证集则用于了解模型的训练情况，以便调整模型参数。训练模型可能需要大量的计算资源和时间，特别是对于复杂的模型，这类模型的层数较多，使用的资源也较多，花费的时间会较长。

5．测试与评估

训练模型到一定程度后，就需要将模型应用于未训练的数据（测试集）上，以测试和评估其性能。测试人工智能大模型时，需要对准确度、精确度和召回率（模型正确识别出的正类样本数量占所有正类样本总数的比例）等指标进行多次测量，如果数据结果准确率低，则说明模型过于简单，如果数据倾向于一个方向，并且趋势与人类的偏见相同，则说明模型的算法不透明，具有偏见。

6．模型优化

测试与评估数据后，就需要根据测试结果对模型做进一步调整以优化模型的性能。模型优化主要包括调整参数、调整模型架构等方面，优化后需要重新训练、测试和评估模型，如此反复，直到模型的效果达到预期。

> **AI专家**
>
> 训练集、验证集和测试集需要在模型训练之前从数据集中按一定的比例划分出来，一般来说，60%的数据用于训练，20%的数据用于验证，20%的数据用于测试，即比例为"6∶2∶2"，也有"7∶2∶1""7∶1.5∶1.5"等多种比例。若将模型比喻为学生，那么训练集就相当于课本，学生根据课本内容来掌握基础知识；验证集则相当于作业，学生通过做作业来检验对知识的掌握情况；测试集则相当于考试，且考的题目是平常没有见过的，目的在于考查学生举一反三的能力。

7．部署

经过反复训练、测试、评估和优化后的人工智能大模型，便可以部署到生产环境中，使其能够处理实际应用中的数据。无论是将模型集成到现有的软件系统中，还是创建新的应用程序和服务，都属于模型部署的范畴。

8．持续学习

随着时间的推移，人工智能大模型可能会因为数据分布的变化或新的数据而导致性能下降，因此人工智能大模型需要持续学习，以保持其准确性和相关性，这个过程中甚至会重新执行数据收集、预处理、训练和评估等步骤。

假设现在要设计一个智能宠物喂食器，它能够根据宠物的体重、活动量，以及季节变化等多种因素智能调整食物类型和数量。首先我们需要收集与宠物饮食习惯相关的数据，包括宠物的种类、体重、年龄、活动量、食物偏好以及喂食时间等，然后清洗收集到的数据，去除其中的错误和无用信息。接着我们需要选择一个模型，如选择线性回归模型来预测宠物的喂食需求，并使用收集到的数据来训练模型，预测宠物在特定时间内的食物需求量。训练过程中，模型需要学习宠物的活动量、体重、习性等因素与食物消耗量之间的关系。训练结束后，我们需要使用一部分未参与训练的数据来测试模型，评估模型的准确性，分析具体的误差，然后根据测试结果，对模型参数进行优化调整。完成这一系列环节后，我们就可以将训练且优化好的模型集成到宠物喂食器中，喂食器通过传感器获取数据，然后利用模型来实现食物种类和数量的智能调整，确保宠物在不同的状态下获取到适量且种类合适的食物。最后，考虑到宠物身体指标的变化、食材的变化等因素，我们还需要定期使用新数据重新训练模型，以适应宠物饮食习惯的变化。

2.1.2　人工智能的三大要素

人工智能的三大要素分别是数据、算力和算法，它们相互依存，缺一不可。只有当这三大要素都得到充分发展和应用时，人工智能才能真正发挥其作用。

1．人工智能的燃料——数据

数据被喻为人工智能的"燃料"，没有数据，利用人工智能算法制作的模型就无法学习和进步。数据不仅为模型提供了训练和改进的原材料，也是人工智能从经验中学习、提升性能的关键。

（1）数据的重要性

就人工智能而言，数据的重要性体现在以下4个方面。

① 模型训练和性能。数据是训练人工智能大模型的基础，模型的性能在很大程度上取决于训练数据的质量和数量。大量的高质量数据可以训练出能力更强的模型。

② 泛化能力。大规模的数据有助于模型捕捉到更细微的模式和特征，提高模型的泛化能力。数据量的增加可以减少过拟合的风险，使模型更好地适应各种陌生的数据。

③ 适应性。数据的多样性对于模型的适应性很重要。多样化的数据集可以帮助模型在各种任务中表现出更好的泛化能力。

④ 决策支持。在复杂环境下，大量的数据可以为决策支持系统提供大量的事实依据，使得人工智能大模型能够更好地完成智能决策。

> **AI专家**
>
> 　　模型的泛化能力是指模型在处理新的、未见过的数据时的性能表现。泛化能力衡量的是模型能否从训练数据中学习到一般性的规律，并将其应用到新的数据上，而不是仅仅记住训练数据。它是评估模型性能的关键指标之一，直接影响模型在实际应用中的有效性和可靠性。过拟合是指模型在训练时表现非常好，但在测试数据或新的数据上表现很差的现象。显然，模型如果过拟合，就说明它没有较好的泛化能力。

（2）数据的来源

人工智能数据的来源是多种多样的，包括自研数据、交换数据、购买数据、公开数据、互联网和项目定制化数据采集等。数据的获取和使用需要遵守相关的法律法规，确保数据的合法性和合规性。

① 自研数据。企业在进行研发活动过程中，会形成自身业务的一套数据库。例如，电商平台通过多年积累可以建立起关于用户消费喜好、消费趋势的数据库；旅游平台可以通过日常业务建立起用户的旅游数据库。这些数据是企业的宝贵财富，更是训练模型的第一手资料，应当妥善保管。

② 交换数据。在商业合作中，企业和企业之间、企业和高校之间进行数据的交换和共享也是一种较为常见的数据来源。这种数据交换通常是为了更大限度地发挥各自优势、提升工作效能。例如，双方共同建设某个平台或进行某项研发时，会选择在合作项目中共享数据。这种方式有助于扩大数据规模、提高数据多样性，从而提升模型的泛化能力。

③ 购买数据。企业可以从专业的数据服务商那里购买高质量的数据，这些数据通常

经过严格的筛选和处理，具有较高的可信度和可用性。购买数据可以节省企业自行收集和整理数据的时间和成本。

④ 公开数据。公开数据是一种重要的数据来源，这些数据通常由政府或公共机构发布，具有较高的可信度和权威性。例如，国家统计局发布的统计数据、中国气象局发布的气象数据等都可以作为人工智能模型的训练数据。

⑤ 互联网。互联网是一个巨大的数据源，包括社交媒体、搜索引擎、在线新闻等。这些数据具有实时性、多样性和大规模等特点，对于训练人工智能大模型非常有价值。从互联网上抓取数据需要遵守相关的法律法规，此外，由于互联网数据的可用性有待甄别，需要对数据进行清洗后才能用于模型训练。

⑥ 项目定制化数据采集。针对特定的人工智能应用场景，可以通过定制化方式收集所需数据。这种方式可以根据具体需求设计数据采集方案，确保数据的针对性和可用性。例如，在自动驾驶领域，可以通过安装传感器和摄像头等设备收集车辆行驶过程中的各种数据；在医疗领域，可以收集患者的病历、检查结果等数据用于训练诊断模型。

（3）数据处理的方法

在人工智能中，数据处理是将原始数据转换为适合模型训练的数据的过程。常用的数据处理方法如下。

① 数据清洗。数据清洗是指去除数据集中的重复、缺失和异常数据等，以保证数据的质量和准确性。例如，通过数据比对删除重复的记录；依据数据特点，采用插补、删除等方法解决缺失值问题；识别并处理数据集中明显偏离正常范围的异常值等。

② 数据转换。数据转换是指将原始数据转换为更适合于机器学习算法的形式。例如，将特征值按比例缩小或放大，以使它们具有相同的数量级；将分类特征转换为数值特征；将数据类型转换为适合分析的格式等。

③ 数据归一化。数据归一化是将数据限定到特定的范围内，以便它们可以被机器学习算法处理。例如，使用最小–最大规范化将数据变换到［0,1］内；使用Z-score规范化将数据缩放到均值为0、标准差为1的范围内等。

💬 **AI 拓展走廊**

Z-score规范化是数据处理中常用的一种方法，它是通过计算每个数据点与均值之间的差异，并将其除以标准差，从而将原始数据转换为具有零均值和单位方差的新数据集的过程。其计算公式为：$Z = (X - \mu) / \sigma$，其中，Z 表示规范化后的值（也称为Z分数或标准分数），X 表示单个原始数据值，μ 表示数据的均值，即所有数据的总和除以数据的数量，σ 表示数据的标准差，是衡量数据点分布离散程度的一个指标，是各数据点与平均值差值的平方和的平均值的平方根。

---

④ 数据集划分。数据集划分是指将原始数据集划分为训练集和验证集的过程。例如，使用随机抽样的方法从原始数据集中随机选择一部分数据作为训练集和验证集，或使用分层抽样的方法在原始数据集中选择一定比例的数据，并根据其特征进行分层，以确保训练集和验证集中的数据具有相似的特征分布。

⑤ 特征工程。特征工程是利用数据领域的相关知识来提取和构建能够使机器学习算法达到更佳性能的特征的过程。例如，从所有可用特征中选择最相关的特征，以减少特征数量并提高模型的性能；采用合适的方法如主成分分析、线性判别分析提取特征；或

通过组合现有特征来创建新的特征，揭示数据中未被发现的关系等。

⑥ 数据增强。数据增强是一种通过增加数据样本的多样性来提高模型泛化能力的方法。例如，通过旋转、平移、缩放、翻转等方式增强图像数据；通过同义词替换、句子重组等方式增强文本数据。

⑦ 数据标注。数据标注是对数据进行标记和注释的过程，以便机器学习算法能够理解和处理。例如，借助专业人员对数据进行人工标注；结合人工和计算机进行半自动标注等。

⑧ 数据集成。数据集成是将多个数据源的数据合并为一个完整的数据集的过程。例如，将不同来源的数据合并为一个数据集；处理不同数据源之间的数据冲突和不一致问题等。

• ▢ AI 思考屋 ○○○○○○○○○○○○○○○○○○○○○○○○○○○○○○

数据是人工智能的基石，从数据收集、清洗、转换到标注等，每一步都至关重要。请思考数据对人工智能大模型的质量会产生哪些影响。

2. 人工智能的动力源泉——算力

算力即计算能力，是指计算系统（如计算机、服务器、数据中心等）处理信息和执行计算的能力，它是衡量计算设备或系统在处理人工智能任务时性能高低的关键指标。算力的高低直接影响人工智能的运算速度、处理复杂任务的能力和效率。人工智能的算力越高，处理数据的速度越快，能完成的任务也就越复杂。

（1）算力的分类

算力可以分为基础算力、智能算力、超级算力和新一代算力等类型。

① 基础算力。基础算力是计算系统执行基本运算任务的能力，涵盖日常计算中常见的加、减、乘、除等简单数学计算，是计算任务的基础起点。基础算力主要由中央处理器（Central Processing Unit，CPU）提供。随着半导体工艺的不断进步，现代CPU能够集成数十亿个晶体管，极大地提高了运算速度并降低了功耗。多核处理器的发展使得单个CPU可以同时处理多个任务，提升了计算效率。基础算力在日常生活的各个领域都有广泛应用。例如，在办公自动化中，基础算力支持文档编辑、表格制作等任务；在财务管理方面，基础算力可以进行复杂报表的生成和数据分析；在网络购物中，基础算力保障了电商平台的稳定运行，实现快速的产品搜索和交易处理。

② 智能算力。智能算力是利用计算系统进行复杂数据分析与处理的能力，尤其在人工智能领域，智能算力通过模仿人脑的学习机制，能够实现对复杂数据的处理。智能算力的核心在于机器学习和深度学习算法，这些算法依靠大量的数据资源，通过构建复杂的人工智能大模型来实现对数据的深层分析。智能算力在多个领域都有广泛的应用，例如，在图像识别领域，通过训练深度学习模型，可以实现对图像的准确分类和目标检测；在自然语言处理方面，智能算力可以执行文本分类、机器翻译、情感分析等任务；在自动驾驶方面，智能算力可以处理来自传感器的大量数据，实现环境感知、路径规划和决策控制。

③ 超级算力。超级算力又称高性能计算能力，是指使用超级计算系统进行大规模并行计算的能力，通常用于解决非常复杂的科学和工程问题。超级算力通常由数千个甚至数万个处理器组成，采用高度优化的并行计算架构协同工作。超级算力在科学研究、气象预报、航空航天、药物研发等方面发挥着重要作用。例如，在科学研究方面，超级算

力可以进行大规模的数值模拟和数据分析；在气象预报方面，超级算力可以模拟大气环流、海洋流动等复杂的气象现象；在航空航天领域，超级算力可以进行飞行器的设计优化、空气动力学模拟等任务；在药物研发领域，超级算力可以加速分子模拟、药物筛选等过程。

④ 新一代算力。新一代算力是指超越传统计算架构的新技术，在某些特定问题上可以实现比现有技术更高效、更快速的解决方案。例如，利用量子比特而非传统二进制比特来进行信息处理的量子计算；利用光子代替电子进行计算的光子计算等。新一代算力在未来具有广泛的应用前景，无论是金融服务、医疗健康、工业、农业，还是能源管理、科学研究、公共安全与应急响应、航空航天以及零售与电商，新一代算力为这些领域的智能化升级和效率提升提供了有力支撑。

（2）算力的构成

人工智能算力的构成是多层次的，涵盖硬件资源、计算架构、网络、软件优化和能源管理等多个方面，它们共同构建起强大的算力基础。

① 硬件资源。硬件资源是构成算力的硬件设备，如CPU等各种处理器，FPGA、ASIC等专用芯片，以及用于存储数据的存储设备等，这些硬件资源在算力中发挥着至关重要的作用。它们共同协作，确保计算任务的高效执行和数据的快速处理。随着技术的不断发展，这些硬件资源也在不断更新和升级，以适应日益增长的计算需求。

② 计算架构。计算架构通常采用分层设计，从基础设施层到云原生基础设施层、人工智能开发平台层，再到应用服务层，每一层都承担着不同的角色，提供不同的功能。其中，基础设施层是算力建设的物理基础，确保整个计算平台的基础支撑能力，为上层提供稳定可靠的运行环境；云原生基础设施层基于云计算理念和容器化技术，实现资源的高效利用、灵活调度以及快速部署；人工智能开发平台层主要服务人工智能模型的研发，提供深度学习框架、模型训练与优化工具、模型版本管理服务、数据预处理及特征工程工具等在内的全套开发环境和服务；应用服务层则聚焦于将先进的人工智能技术应用于各个行业领域。

③ 网络。人工智能算力网络可以将各地分布的人工智能计算中心节点连接起来，并在此基础上汇聚和共享算力、数据、大模型等算法资源。人工智能算力网络的实现架构包含3个方面，分别是算网一体基础设施、统一运营多维调度管理，以及大规模分布式多方协同计算。在算网一体基础设施层面，计算和网络融合协同，构筑人工智能计算的一体化基础底座；统一运营多维度调度管理层面由调度平台和运营平台组成，调度平台是整个算力网络的核心，基于对算力、网络的感知进行人工智能计算作业的调度；在大规模分布式多方协同计算层面，通过人工智能算力网络使算法、数据、算力、模型和服务在市场上安全、合规、自由地流通共享，进而实现全新计算范式和业务场景，如大规模跨地域异步训练、多方协同计算等。

④ 软件优化。软件优化是提升人工智能算力的有效途径之一，主要包括算法优化和软件框架两个方面。算法优化通过对算法进行改进和优化，减少计算量、提高计算精度和效率；软件框架提供算法开发、模型训练、推理部署等全链条的支持，优化算法和计算流程，提高人工智能算力的利用效率。

⑤ 能源管理。能源管理是确保人工智能算力系统高效、稳定运行的重要因素之一。在人工智能算力系统中，能源管理主要包括电力供应、散热和能耗监测等方面。先进的能源管理技术可以降低服务器能耗和散热成本，可以实时监测和控制能耗，提高能源利用率。

（3）算力中心

算力中心是专门提供高性能计算、数据处理和分析等计算资源的设施，它可以提供强大的计算能力和大规模数据处理能力，满足高性能计算的需求。算力中心通常配备高性能的服务器、工作站和显卡等硬件设备，以及专业的网络和存储设施，以达到高效处理和计算的目的。

目前，算力中心有通用算力中心、智算中心、超算中心和融合算力中心等类型。

① 通用算力中心。通用算力中心主要由基于CPU芯片的服务器提供算力，能够满足一般企业和个人的计算需求。阿里云、腾讯云、华为云等均是通用算力中心的代表。

② 智算中心。智算中心是采用人工智能计算架构的一类算力基础设施。它由基于GPU、FPGA、ASIC等芯片的加速计算平台提供算力，主要用于人工智能的训练和推理计算，可以应用于计算机视觉、自然语言处理、机器学习等领域。目前，智算中心已成为数字经济高质量发展的重要支撑，《智算产业发展研究报告（2024）》显示，截至2024年6月，我国已建和在建的智算中心超250个。

③ 超算中心。超算中心是基于超级计算机或大规模计算集群的数据中心，能够提供大规模计算、存储和网络服务等功能。这类中心广泛应用于航天、国防、石油勘探、气候建模和基因组测序等高要求的场景。截至2024年，中华人民共和国科学技术部批准建立的国家超级计算中心有十几所，如国家超级计算天津中心、广州中心、深圳中心、长沙中心、济南中心、无锡中心、郑州中心、昆山中心、西安中心、成都中心和太原中心等。图2-1所示为国家超级计算成都中心的实景图。

图2-1　国家超级计算成都中心

④ 融合算力中心。融合算力中心是一种集成了多种计算资源和技术的综合型数据中心。它不仅包括基于CPU的通用算力，还包括基于GPU、FPGA、ASIC等芯片的智算能力和基于超级计算机的大规模算力。这种中心能够根据不同的应用需求，动态调配和优化计算资源，提供高效、灵活的计算服务。融合算力中心的出现，打破了传统单一算力中心的局限性，实现了不同类型算力资源的优势互补，为我国数字经济的发展和科技创新提供了强大的动力支撑。

3．人工智能的"大脑"——算法

算法是一系列定义明确的、有限且可执行的步骤或规则，它是计算机科学的核心概念之一，旨在解决特定问题或执行特定任务。简单来说，算法可以理解为解决某种或某类问题的一种方法或过程。

（1）算法的特征

算法具有有穷性、确定性、可行性、输入项、输出项等特征。

① 有穷性。一个算法必须在执行有限步骤后结束，不能无限循环下去。这意味着每一步操作都必须在有限时间内完成，确保整个算法过程能够在合理的时间内得到结果。

② 确定性。算法中的每个步骤都有明确的定义，对于相同的输入，每次执行都会得到相同的输出，不会产生歧义。

③ 可行性。算法中的所有操作都是可执行的，不存在无法执行的算法内容，已编辑好的所有算法都能通过有限的运算完成相应的操作。

④ 输入项。一个算法可以有零个或多个输入项，这些输入项用于刻画运算对象的初始情况，其中，零个输入项是指算法本身定义了初始条件的情况。

⑤ 输出项。一个算法必须至少有一个输出项，以反映对输入数据加工后的结果，没有输出的算法是毫无意义的。

（2）人工智能算法的含义

人工智能算法可以理解为算法的一个子集，是一系列用于解决特定问题、模拟智能行为或进行自主学习的程序指令和规则。人工智能算法能够处理和分析大量数据，识别数据中的模式，并据此做出决策或预测，其目的在于通过模拟人类智能的运作机制，赋予机器类似人类的思考、理解、学习与创新能力。

例如，假设当前面临的任务是对海洋中的多种鱼类进行识别与分类。对于人类而言，这一过程需要投入大量时间去细致观察每种鱼类的特征，比如体形、鳞片排列、体色乃至游泳姿态等。经过长期的学习与实践积累，人类才能逐步掌握识别并对这些鱼类进行分类的技巧。一旦掌握了这种技能，当人类遇到海洋环境中的鱼类时，便能凭借已有的知识和经验，迅速辨识其种类。人工智能算法在完成这个任务时，首先会收集大量的海洋鱼类的图像数据，并标注每种鱼的种类。然后，算法会使用这些数据进行训练，学习不同鱼类的特征。当算法接收到一张新的鱼类图像时，便会计算图像与已知鱼类的相似度，并根据学习到的特征进行识别，给出最可能的分类结果。

与人类完成这个任务相比，人工智能算法能够处理大量的数据，并从中提取有用的特征，因此具有更高的准确性和效率。同时，算法不会受到疲劳、注意力分散等因素的影响，能够持续稳定地进行工作。另外，对于罕见或难以识别的海洋鱼类，算法可以通过不断学习和更新数据来提高识别能力。

（3）人工智能算法的发展过程

1943年，美国心理学家沃伦·麦卡洛克和数学家沃尔特·皮茨提出了第一个神经元模型，即M-P模型，该模型通过模拟生物神经元的阈值逻辑实现了神经元兴奋或抑制的抽象计算，这标志着人工神经网络算法的起点，其二进制阈值逻辑为后续神经网络算法的发展提供了数学基础。

1951年，马文·明斯基和迪恩·埃德蒙兹（Dean Edmonds）发明了第一台模拟神经网络的学习机器——SNARC，该机器包含多个神经元（由真空管模拟），通过调整神经元之间的连接权重来模拟老鼠穿越迷宫的行为，并根据任务完成效果来强化或削弱各神经元之间的连接。这一机制成为早期机器学习算法的核心，奠定了神经网络通过试错反馈进行自我优化的基础。

1956年诞生的"逻辑理论家"程序使用早期编程语言——信息处理语言（Information Processing Language，IPL）编写，其核心算法是通过"分而治之"策略分解问题，利用启发式搜索修剪搜索树的分支，有效缩小了搜索空间。这一算法框架首次将推理过程形式化为搜索问题，并引入启发式方法优化效率，成为后续人工智能算法的基石。

1966年诞生的 ELIZA 人机对话系统，其核心算法基于模式匹配与转换规则，即通过预定义的分解规则识别输入的关键词，再按重组规则生成响应。ELIZA 的算法创新体现在开放式引导策略，通过句式转换（如"你感到伤心是因为什么？""你感到高兴是因为什么？"）来维持对话连贯性，这种纯规则引擎虽缺乏语义理解，却首次验证了模式驱动对话的可行性。

1968年，美国斯坦福大学的爱德华·费根鲍姆（Edward Feigenbaum）教授和化学家乔舒亚·莱德伯格（Joshua Lederberg）合作成功研发出世界上第一个专家系统 DENDRAL，首次将化学领域的专家经验转化为算法规则，能够从数百种可能性中筛选出最优解，显著降低了计算复杂度。DENDRAL 催生了不确定性推理，并促使研究者将研究重心转向机器学习与数据挖掘领域，这为实现算法的自我更新打下了基础。

1976年，美国斯坦福大学的爱德华·H.肖特利弗（Edward H.Shortliffe）等人研发出 MYCIN 医疗专家系统，并在算法架构和推理机制上实现了多项突破。该系统首次采用产生式系统框架，通过多条"IF-THEN"规则构建知识库，并将知识库与推理机分离，奠定了模块化专家系统的核心架构。在推理算法层面，MYCIN 引入似然推理的方法，通过"可信度"量化医疗诊断中的不确定性，开创了概率推理在人工智能算法中的应用。

> **AI专家**
>
> 　　似然推理，也称概率推理或不确定性推理，是一种基于概率理论进行推理的方法。它允许从不确定性的初始证据出发，通过运用不确定性的知识，最终推出具有一定程度的不确定性但是合理或者近乎合理的结论。

20世纪80年代初，随着计算机硬件的进步，商用专家系统 RI（又名 XCON）问世，它采用"知识库+推理引擎"的架构，实现了人工智能算法架构的再次突破。这种基于规则的符号主义算法，标志着人工智能算法开始从通用推理转向对专业领域知识的处理。RI 验证了基于逻辑的人工智能算法在知识处理阶段的实用性，同时也暴露了该算法的规则僵化、知识获取难等缺陷，这为后续神经网络等算法的发展提供了反向驱动力。

1986年，杰弗里·辛顿（Geoffrey Hinton）、大卫·鲁梅尔哈特和罗纳德·威廉姆斯（Ronald Williams）共同发表了一篇名为"Learning representations by back-propagating errors"（通过反向传播算法的学习表征）的论文，首次将反向传播算法引入多层神经网络训练。这一算法为训练多层神经网络提供了有效的方法，为后来的深度学习算法奠定了基础。

20世纪90年代，人工智能领域迎来多项重要算法的出现，诸如支持向量机、条件随机场、集成学习、卷积神经网络等算法都在这一时期出现，这不仅推动了相关技术的发展，也为后来的深度学习等算法的诞生奠定了坚实基础，使得人工智能在处理复杂任务时变得更加高效和准确。

21世纪初至今，人工智能飞速发展，这一时期，得益于算力的显著提升、大数据的广泛应用，以及深度学习等算法的突破，人工智能算法取得惊人的进展。

2006年，杰弗里·辛顿及其团队提出了深度信念网络（Deep Belief Network，DBN），通过构建多层次的神经网络模型，模拟人脑的信息处理过程，实现复杂的数据表示和特征提取。深度学习算法由此诞生。

2014年，伊恩·古德费罗（Ian Goodfellow）等人提出生成对抗网络（Generative

Adversarial Network，GAN）算法，其核心思想是通过构建两个相互竞争的神经网络，实现数据的生成和判别。GAN的提出为生成模型的发展开辟了新的道路，其在图像生成、视频合成等领域取得了显著成果。

2016年，谷歌公司下属的DeepMind团队开发的AlphaGo在围棋比赛中战胜了当时的世界冠军，展示了强化学习在解决复杂决策问题时的强大能力，这标志着强化学习算法在人工智能领域的应用取得显著进展。

2017年，谷歌公司提出了Transformer模型，该模型基于注意力机制算法，通过计算输入数据中不同部分之间的相关性，动态地调整模型对不同部分的关注度，在机器翻译等任务中取得了显著效果。

2018年，谷歌公司下属的DeepMind团队开发了AlphaZero，AlphaZero基于强化学习算法运作，但比AlphaGo更为智能，能在没有任何人类数据的情况下，通过自我对弈学习，击败当时世界上最强大的国际象棋、围棋和将棋程序。

2021年，谷歌公司下属的DeepMind团队开发了AlphaFold，这是一个基于深度学习算法中的蛋白质结构预测算法的人工智能，它能够准确预测蛋白质的三维结构，被视为人工智能进入生物领域的一大突破。

直到现在，人工智能算法仍然在创新和进步，多模态大模型、强化学习、因果推理等技术不断融合发展，使算法和模型变得更加先进。未来，随着技术的不断发展，人工智能算法也会取得更大的突破。

2.2　人工智能的核心——机器学习

机器学习为人工智能提供了从数据中自动学习和改进的能力，使得机器无须明确编程即可进行预测和决策，这使得人工智能更加自动化、智能化和个性化，为社会带来更多便捷。

2.2.1　机器学习的概念

机器学习是人工智能领域中研究人类学习行为的一个分支，它借鉴了认知科学、生物学、哲学、统计学、计算机科学等众多学科的观点，通过归纳、一般化、特殊化、类比等基本方法探索人类的认识规律和学习过程，并推出了各种能通过经验自动改进的算法，使机器具备自动学习特定知识和技能的能力。

简言之，机器学习是让机器也能像人类一样，通过观察大量的数据，发现事物规律，获得某种分析问题、解决问题的能力。机器学习是人工智能的核心。

机器学习已成为近年来最重要的算法之一，其主要特点如下。

（1）自动化和适应性。机器学习让机器能够从数据中自动学习并提取特征，而无须明确地编程。这种自动化使得机器能够适应不同的数据分布和任务需求。同时，随着新数据的不断加入，机器可以持续学习并改进其性能，从而适应新的变化。

（2）高效的数据处理能力。机器学习让机器能够处理大规模数据集，从中提取有用的信息和模式。它可以高效地处理高维数据，并发现数据中的潜在关系和结构。

（3）预测和决策能力。通过训练和优化，机器可以对未知数据进行准确预测，进而帮助人们在复杂和不确定的环境中做出更明智的决策。

（4）可扩展性。机器学习能够根据不同任务需求进行动态调整和优化，可以提供跨行业的解决方案。随着数据量和业务复杂度的增长，机器学习可以通过增加计算节点如服务器、集群中的机器来分散负载，也可通过提升单台机器的硬件性能如GPU算力或优化软件效率来增强处理能力，以适应更大规模的应用场景。

（5）个性化服务。机器学习可以根据用户的偏好和行为数据提供个性化的服务。这在电子商务和网络营销等领域中尤为重要。通过分析用户的行为和反馈，机器可以不断优化和提升其个性化服务的能力。

2.2.2　机器学习的分类

根据学习方式的不同，机器学习可以分为有监督学习、无监督学习、半监督学习和强化学习这几种类型。

1．有监督学习

有监督学习，也被称为监督机器学习，它使用标记数据集来训练算法，以便对数据进行分类或准确预测结果。在这个过程中，算法将学习如何根据输入数据来预测出正确的结果，就像是学生在老师的指导下，通过做练习题来学习解题方法和技巧，每次练习都有明确的正确答案可以参考。这样，学生就能逐渐掌握解题的方法，并在遇到新问题时能够应用所学知识进行解答。

（1）有监督学习的原理

有监督学习的基本原理是通过输入数据（特征）与标签（目标变量）之间的映射关系来训练模型，使模型能够对新输入的数据做出准确的预测。

有监督学习首先需要准备一个标注好的数据集，这个数据集包含输入数据的特征和对应的标签，然后根据问题的类型选择一个合适的算法模型进行训练。训练时，模型将接收输入特征，通过一系列计算得到预测结果，然后利用损失函数计算预测结果与实际标签之间的差异，并根据损失函数计算得到的误差，通过梯度下降等优化算法更新模型的参数。重复上述过程，并不断调整模型参数，直到模型在训练集上的损失降至可接受的范围或达到预设的迭代次数。

（2）有监督学习的类型

在有监督学习中，数据集中的训练样本都有一个输入特征，以及相应的标签（分类任务）或目标值（回归任务），因此有监督学习主要包括分类和回归两种类型。

① 分类。在分类任务中，有监督学习的目标是将输入数据分到预定义的类别中。每个类别都有一个唯一的标签。算法在训练阶段通过学习数据的特征和标签之间的关系来构建模型。然后，在测试阶段，模型用于预测未见过的数据的类别标签。例如，将电子邮件标记为"垃圾邮件"或"非垃圾邮件"，将图像识别为"猫"或"狗"。

② 回归。在回归任务中，有监督学习的目标是预测连续数值的输出。与分类任务不同，输出标签在回归任务中是连续的。算法在训练阶段通过学习输入特征和相应的连续输出之间的关系来构建模型。在测试阶段，模型用于预测未见过的数据的输出值。例如，预测房屋的售价、预测销售量等。

（3）常见的有监督学习算法

有监督学习算法种类众多，其中较为常见的有监督学习算法如下。

① 支持向量机（Support Vector Machine，SVM）。SVM是一种用于二分类和多分类任务的强大算法，它通过找到一个最优的超平面来将不同类别的数据分隔开。SVM在高维

空间中表现良好，并且可以应用于线性和非线性分类问题。

②决策树。决策树是一种基于树结构的分类和回归算法，它通过在特征上进行递归的二分决策来进行分类或预测。决策树易于理解和解释，并且对于数据的处理具有良好的适应性。

③朴素贝叶斯。朴素贝叶斯是一种基于贝叶斯定理的简单概率分类算法，它在分类问题中特别有效，尤其是在处理文本分类（如垃圾邮件检测）时。该算法的核心假设是特征之间相互独立，即一个特征或属性的出现不依赖于其他特征。这种假设虽然在实际应用中往往不成立，但在很多情况下仍然能够取得很好的分类效果。

④K近邻算法（K-Nearest-Neighbor Algorithm，KNN）。KNN是一种基于实例的算法，它根据距离度量来对新样本进行分类或回归预测。KNN使用最接近的K个训练样本的标签来决定新样本的类别。

（4）有监督学习的应用场景

有监督学习是比较常见的机器学习算法之一，在各个领域都有广泛的应用，它的成功在很大程度上得益于能够从带有标签的数据中学习，并对未见过的数据进行预测和泛化。

①图像识别。有监督学习在图像识别任务中非常常见。例如，将图像分类为不同的物体、场景或动作，或进行目标检测，找出图像中特定对象的位置。

②自然语言处理。在自然语言处理任务中，有监督学习用于文本分类、情感分析、机器翻译、命名实体识别等。

③语音识别。有监督学习在语音识别领域被广泛应用，如将语音转换为文本、说话者识别等。

2. 无监督学习

在无监督学习中，算法面对的是没有标签或已知结果的数据，也就是说，这些数据没有明确的"正确答案"来指导学习。无监督学习的目标是从这些数据中发现隐藏的模式、结构或关系。例如，篮子里有各种各样的水果，但没有人说明每种水果分别是什么，无监督学习的任务便是在没有说明的情况下，尝试将这些水果分类，这就需要让机器自己去探索数据，发现其中的规律和结构，而不是像有监督学习那样依赖于已知的标签或结果来指导学习。相比于有监督学习，无监督学习更像是自学，即让机器学会自己做事情。

（1）无监督学习的类型

无监督学习的核心思想是通过对数据的统计特征、相似度等进行分析和挖掘，利用各种方法来捕获和发现数据隐藏的内在结构和模式，其主要类型包括聚类、降维、关联规则挖掘、异常检测等。

①聚类。聚类是将数据样本分成相似的组别或簇的过程。它通过计算样本之间的相似性度量来将相似的样本聚集在一起。聚类常用于数据分析、图像分割等。

②降维。降维是将高维数据转换为低维表示的过程，同时尽可能地保留数据的特征。降维技术可以减少数据的复杂性、去除冗余信息，并可用于可视化数据、特征提取等。

③关联规则挖掘。关联规则挖掘用于发现数据集中项之间的关联和频繁项集。这种规则描述了数据集中不同项之间的关联性，通常在市场篮子分析、购物推荐等方面应用广泛。

④ 异常检测。异常检测用于识别与大多数样本不同的罕见或异常数据点。它在异常事件检测、欺诈检测、故障检测等方面都有应用。

（2）常见的无监督学习算法

无监督学习算法可以帮助我们从未标记的数据中发现有用的结构和模式，并在数据处理、可视化、聚类、降维等任务中发挥作用。常见的无监督学习算法如下。

① K均值聚类。K均值聚类是一种常用的聚类算法，它将数据样本分成K个簇，使得每个样本与所属簇中心的距离最小。

② 主成分分析。主成分分析是一种常用的降维算法，它通过线性变换将高维数据投影到低维空间以保留最重要的特征。

③ 关联规则挖掘算法。如Apriori和FP-growth等，这些算法用于发现大型数据集中频繁出现的项集和关联规则，可用于购物车分析、入侵检测和文本挖掘等领域。

④ 异常检测算法。如局部离群因子和支持向量数据描述等，这些算法通常比简单的K近邻算法更复杂，能够检测到更细微的异常。

（3）无监督学习的应用场景

无监督学习在数据挖掘、模式识别、特征学习等应用场景发挥着重要作用。通过无监督学习，可以从未标记的数据中获得有用的信息，更好地理解和利用数据。

① 数据挖掘。无监督学习让机器能够从海量的无标签数据中挖掘出潜在的价值和规律，为企业和研究机构提供宝贵的决策支持。

② 模式识别。无监督学习让机器能够识别出数据中的固有模式和结构，这对于图像识别、语音识别、自然语言处理等具有重要意义。例如，在图像处理中，无监督学习可以帮助识别出图像中的纹理、形状和颜色分布等特征，从而为图像分类和目标检测等提供依据。

③ 特征学习。无监督学习自动发现数据中的代表性特征，减少了人工的工作量，提高了模型的泛化能力。这不仅有助于其他机器学习任务的数据预处理，还使得模型能够更好地适应新的数据环境。

3. 半监督学习

半监督学习的目标是利用同时包含有标签和无标签的数据来构建模型，使得模型能够在测试阶段更好地泛化到新的、未见过的数据。与有监督学习不同的是，半监督学习的训练数据中只有一小部分样本是带有标签的，而大部分样本是没有标签的。半监督学习结合了有监督学习和无监督学习的优点，能够在一定程度上利用无标签数据，避免过度依赖有标签数据。

> AI专家　在半监督学习中，无标签数据可能包含对数据分布、结构和隐含特征的有用信息，这些信息可以帮助模型更好地进行泛化。此外，通过利用有标签数据与无标签数据之间的数据分布相似性，可以将标签信息传播到无标签样本，进而增强模型的性能。

（1）半监督学习的类型

半监督学习的主要类型如下。

① 半监督分类。在半监督分类中，训练数据中同时包含带有标签的样本和无标签的样本。模型的目标是利用这些标签信息和无标签数据的分布信息来提高分类性能。半监督分类算法可以在分类任务中利用无标签数据来扩展有标签数据集，从而提高模型预测

的准确性。

② 半监督回归。半监督回归与半监督分类类似，但应用于回归问题。模型通过有标签的数据和无标签数据进行训练，以提高对无标签数据的回归预测准确性。

③ 半监督聚类。半监督聚类算法将有标签数据和无标签数据同时用于聚类任务。它们可以通过结合数据的相似性信息和标签信息，来更好地识别潜在的簇结构。

④ 半监督异常检测。半监督异常检测旨在从同时包含正常样本和异常样本的数据中，利用有限的标签信息来检测异常。这在异常样本较少的情况下特别有效。

⑤ 生成对抗网络中的半监督学习。生成对抗网络可以被用于实现半监督学习。在这种情况下，生成器和判别器网络可以使用有标签的样本和无标签的样本，以提高模型的性能。

（2）常见的半监督学习算法

半监督学习算法的选择取决于问题的特性、可用的有标签数据量和无标签数据量，以及算法的性能和复杂度。常见的半监督学习算法如下。

① 自训练。自训练是一种简单的半监督学习算法，它使用有标签数据训练一个初始模型，然后使用该模型预测无标签数据，并将置信度较高的预测结果作为伪标签，将无标签数据添加到有标签数据中，然后重新训练模型。

② 协作训练。协作训练是一种使用多个视图或特征的半监督学习算法，它将数据划分为两个或多个视图，并在每个视图上独立训练模型，模型相互交互并使用对方的预测结果来增强训练。

③ 半监督支持向量机。半监督支持向量机是基于支持向量机的半监督学习算法。它利用有标签数据和无标签数据之间的关系来对标记数据进行有效分类。

④ 生成式半监督学习。这类方法尝试使用生成模型来建模数据的分布，并利用有标签数据和无标签数据共同训练生成模型，以提高对无标签数据预测的准确性。

⑤ 图半监督学习。图半监督学习算法可以通过图模型或图卷积神经网络，利用数据样本之间的关系来辅助半监督学习。

（3）半监督学习的应用场景

半监督学习在许多实际场景中都有应用，尤其是在数据有限或数据标签成本高昂的情况下更能凸显它的价值。

① 自然语言处理。在自然语言处理任务中，很多时候获取大规模的有标签数据是非常昂贵和耗时的。借助半监督学习可以利用少量有标签的数据和大量无标签的数据来提高文本分类、情感分析、命名实体识别等任务的完成度。

② 图像识别和计算机视觉。在图像识别和计算机视觉领域，获取大规模的标签图像数据也可能是困难的。借助半监督学习，可以在少量有标签图像和大量无标签图像上进行训练，以提高图像分类、目标检测等任务的准确性。

③ 数据聚类。在聚类任务中，借助半监督学习，可以将有标签和无标签数据结合起来进行聚类，从而提高聚类结果的准确性和稳定性。

④ 机器人控制。在机器人控制领域，借助半监督学习，可以帮助机器人在未知环境中进行自主决策和学习，从而提高其任务执行能力。

4. 强化学习

强化学习是让智能体在环境中通过各种不同的尝试来进行学习的行为策略，智能体通过与环境进行交互，根据奖励信号来调整其行为策略，以达到最大化累积奖励的目标。

在强化学习中，智能体不需要被明确地告诉如何执行任务，而是通过尝试各种行为来进行学习。当智能体在环境中采取某个行为时，环境会返回一个奖励信号，表示该行为的好坏程度。通过不断尝试不同的行为，强化学习便可以根据获得的奖励或惩罚来调整策略，最终智能体将学习到最优策略，使其累积的奖励最大化。

（1）强化学习的类型

强化学习的类型较为多样，但是这些类型并不是相互排斥的，许多强化学习算法结合了多种类型的特点，以适应不同的学习任务和环境。常见的强化学习的类型主要有以下4种。

① 基于价值的强化学习。这种类型的强化学习侧重于学习一个价值函数，该函数可以评估状态或"状态–动作"对的值。

② 基于策略的强化学习。这种类型的强化学习直接学习一个策略函数，该函数定义了在给定状态下应该采取的行动。

③ 模型驱动强化学习。这种类型的强化学习使用环境模型来学习策略，环境模型是对环境动态的内部表示。

④ 模型无关强化学习。与模型驱动强化学习相反，模型无关强化学习直接从交互经验中学习策略或价值函数。

（2）常见的强化学习算法

强化学习算法在处理不同类型的任务和问题时表现不同，常见的强化学习算法如下。

① Q学习（Q-Learning）。Q-Learning是一种基于价值的强化学习算法，它通过学习一个价值函数（Q函数）来表示在给定状态下采取某个动作的累积奖励。Q-Learning使用贝尔曼方程更新Q值，并使用贪心策略来选择动作。

② SARSA（State Action Reward State Action，状态行为奖励状态行为）。SARSA是另一种基于价值的强化学习算法。它与Q-Learning类似，但不同之处在于它在学习和决策阶段都使用当前策略的动作来更新Q值。

③ PPO（Proximal Policy Optimization，近端策略优化）。PPO是一种基于策略的强化学习算法，它通过限制更新幅度来稳定训练。PPO在深度强化学习中表现出色，并被广泛应用于各种任务。

④ TRPO（Trust Region Policy Optimization，信任区域策略优化）。TRPO是另一种基于策略的强化学习算法，它使用限制步长的方法来保证更新策略时不会使性能变差。

AI 拓展走廊

Q函数（价值函数）和Q表是Q-Learning算法中的核心概念。Q函数是一个数学函数，它映射每个"状态–动作"对到一个实数值，这个实数值代表在给定状态下采取特定动作并遵循最优策略所能获得的期望回报（即长期累积奖励）；Q表则是一个表格，用于存储每个"状态–动作"对的Q值。在简单的强化学习问题中，状态和动作都是离散的，因此可以使用一个二维数组来表示Q表，Q表的行代表不同的状态，列代表不同的动作，表格中的每个单元格则包含在不同状态下执行动作的Q值。

（3）强化学习的应用场景

由于强化学习的自主学习和决策特性，其在许多实际应用场景中都有应用。以下是一些强化学习的应用场景。

① 自动驾驶。强化学习可以应用于自动驾驶领域，使车辆能够根据环境和交通状况做出决策，如规划路径、避免障碍物和遵守交通规则。

② 机器人控制。强化学习可以帮助机器人在未知环境中进行自主探索和学习，以完成复杂的任务，如导航、抓取物体和人机交互。

③ 游戏。强化学习在游戏玩法中有广泛应用。例如，使用强化学习训练智能体来玩电子游戏、围棋、扑克等，使其能够与人类玩家相媲美甚至超越。

2.2.3　机器学习的常见算法

机器学习包含大量的算法，其中常见的包括朴素贝叶斯算法、决策树算法和支持向量机算法这几种，它们是机器学习早期发展阶段的代表性算法，被广泛应用于理论研究和实际项目中，也是后续复杂模型的基础。

1. 朴素贝叶斯算法

朴素贝叶斯算法利用概率统计知识进行分类，其核心思想是计算每个特征对于分类的条件概率，并基于这些概率来预测新数据的类别。朴素贝叶斯算法所需要估计的参数很少，对缺失数据不太敏感，算法也比较简单，是应用广泛的分类算法之一。

朴素贝叶斯算法假设特征之间是条件独立的，这意味着每个特征对分类结果的影响相互独立，这一假设简化了计算过程，也是"朴素"二字的由来。

下面将通过一个简单的例子来说明朴素贝叶斯算法的基本原理。假设有一组关于小动物的颜色和嘴型，以及它们是否为小鸡的训练数据，如图2-2所示。我们的目标是使用这些信息来预测一个新的小动物是否为小鸡。

现在有一个新的样本数据：黄色圆嘴的小动物，我们需要预测这个小动物是否为小鸡。

采用朴素贝叶斯算法时，首先需要计算先验概率，即在不考虑任何特征的情况下，计算动物是否为小鸡的概率。根据图2-2中的训练数据可知，$P(小鸡)=2/5$，$P(非小鸡)=3/5$。

接着需要计算条件概率，即在已知样本数据的情况下计算相应特征的概率。由于样本数据是黄色圆嘴的小动物，因此单独计算颜色和嘴型是否为小鸡的概率分别如下。

颜色	嘴型	是否为小鸡
黄色	尖嘴	是
白色	尖嘴	否
黄色	圆嘴	否
白色	圆嘴	否
黄色	尖嘴	是

图2-2　训练数据

（1）$P(黄色|小鸡)=2/2=1$（小鸡中黄色的比例）。

（2）$P(圆嘴|小鸡)=0/2=0$（小鸡中圆嘴的比例）。

（3）$P(黄色|非小鸡)=1/3$（非小鸡中黄色的比例）。

（4）$P(圆嘴|非小鸡)=2/3$（非小鸡中圆嘴的比例）。

最后计算后验概率，即在已知样本数据的情况下，计算该样本数据属于哪种类别的最终概率。后验概率的计算公式为：

$$P(A|X)=[P(X|A) \cdot P(A)]/P(X)$$

其中，$P(A|X)$是后验概率，即在观察到特征X后，该动物是小鸡的概率；$P(X|A)$是条件概率，即在动物是小鸡的情况下观察到特征X的概率；$P(A)$是先验概率，即在没有观察任

何特征之前，该动物是小鸡的概率；$P(X)$ 是证据因子，即观察到特征 X 的概率，这个值在比较不同类别的后验概率时可以忽略。如果有 2 个特征，则上述后验概率的计算公式为：

$$P(A|X_1,X_2)=[P(X_1|A) \cdot P(X_2|A) \cdot P(A)]/P(X_1,X_2)$$

因此，样本数据是否为小鸡的后验概率分别如下。

（1）P(小鸡|黄色,圆嘴)=P(黄色|小鸡)×P(圆嘴|小鸡)×P(小鸡)=1×0×2/5=0。

（2）P(非小鸡|黄色,圆嘴)=P(黄色|非小鸡)×P(圆嘴|非小鸡)×P(非小鸡)=1/3×2/3×3/5=2/15。

由此可见，P(小鸡|黄色,圆嘴)=0，P(非小鸡|黄色,圆嘴)>0，因此我们可以预测这个样本数据不是小鸡。

朴素贝叶斯算法由于假设了特征之间是相互独立的，因此其逻辑性十分简单，算法较为稳定，当数据呈现不同的特点时，朴素贝叶斯算法的分类性能不会有太大的差异。但也正因为朴素贝叶斯算法假设特征之间相互独立，而实际应用中这个假设往往不成立，特别是在特征数量较多或特征之间相关性较大时，朴素贝叶斯算法的分类效果欠佳。

2．决策树算法

决策树算法是一种利用树形结构对数据进行分类的算法，从根节点开始测试，先到子树，再到叶子节点，从根节点到一个叶子节点是一条分类的路径规划，每个叶子节点代表一个判断类别，如图 2-3 所示。其核心思想是从起始点开始，根据数据集中的特征对数据进行分割，直到满足停止条件。

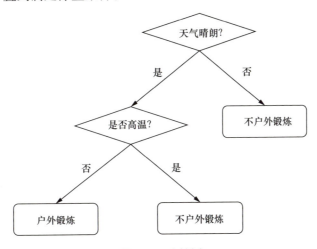

图2-3 决策树

决策树的构造过程主要包括特征选择、决策树的生成和决策树的剪枝 3 个步骤。

（1）特征选择。目的是选取对数据具有分类能力的特征，选择的准则通常为信息增益和信息增益比。

（2）决策树的生成。根据选择的特征，递归地构建决策树（递归即通过重复将问题分解为同类子问题的方法）。如从根节点开始，选择信息增益最大的特征作为当前节点的测试特征，并根据该特征的不同取值将数据集划分为不同的子集，然后对每个子集递归地构建决策树，直到满足停止条件。

（3）决策树的剪枝。对生成的决策树进行检验、校正和修剪，目的是去掉那些影响预测准确性的分枝，使决策树更加简单，从而提高其泛化能力。

> **AI 专家**
>
> 信息增益是用于衡量在某个特征条件下，将数据集分成不同类别所能带来的纯度提升程度的指标，或者说是数据集不确定性减少的程度的指标；信息增益比则是指某个特征的信息增益与特征固有值之比。

假设我们需要购买一个水杯，并基于一些条件决定是否购买，如价格、外观以及重量等，我们可以根据这些条件构建一棵决策树来做出决定。这里假设我们已具备了图2-4所示的训练数据，且通过计算找到了信息增益最大的特征是"价格"，下面构建决策树。

（1）"价格"作为根节点具有两个分支，分别是"价格：低"和"价格：高"。

（2）对于"价格：低"的分支，我们需要继续选择下一个特征。同样假设"外观"特征的信息增益比"重量"的更大，那么"价格：低"分支下又包括"外观是否好看：是"和"外观是否好看：否"两个分支。对于"价格：高"的分支，其下直接给出决策分类，即"是否购买：否"。

（3）对于"外观是否好看：是"的分支，则需要考虑水杯的重量，因此该分支下又包括"重量是否轻：否"和"重量是否轻：是"两个分支。对于"外观是否好看：否"的分支，其下直接给出决策分类，即"是否购买：否"。

价格	外观是否好看	重量是否轻	是否购买
低	是	是	否
低	是	否	是
低	否	是	否
低	否	否	是
高	是	是	否
高	否	是	否
高	否	否	否

图2-4 训练数据

（4）对于"重量是否轻：否"的分支，其下直接给出决策分类，即"是否购买：是"；对于"重量是否轻：是"的分支，其下直接给出决策分类，即"是否购买：否"。整个决策树如图2-5所示。

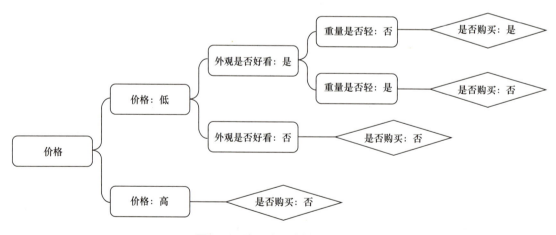

图2-5 是否购买水杯的决策树

决策树算法分类精度高，能够准确地分类样本数据，其结构清晰易懂，便于理解和解释。但是，如果决策树过于复杂，则可能会导致对训练数据的过拟合，从而降低对新数据的预测能力。

3．支持向量机算法

支持向量机算法的核心思想是找到一个最优的超平面，将不同类别的样本数据分开，并最大化间隔，从而实现对新数据的准确分类或预测。

例如，桌上放置了若干深色的糖果和浅色的糖果，现在要求用一根棍子将它们按不同颜色分开，并且保证在放置更多深色或浅色的糖果后，这根棍子的两边仍保留有较大的间隙，如图2-6所示。支持向量机算法就类似试图把棍子放在最佳位置，让棍子的两边有尽可能大的间隙，以便更轻松地将糖果归类。

图2-6　分隔糖果

但是，现实中很多情况下糖果都是散乱分布的，这样就不能用一根棍子将它们按不同颜色分开，这就是二维平面中的线性不可分的情况。此时要想分隔不同颜色的糖果也很简单，我们只需使用一个核函数，将二维平面中的糖果投影到三维空间，也许就可以在三维空间中找到一个平面将其分隔开来，如图2-7所示。如果三维空间还是找不到这样一个平面，就可以继续投影到四维空间或更高维度的空间，直到找出一个维度来解决线性不可分的问题。

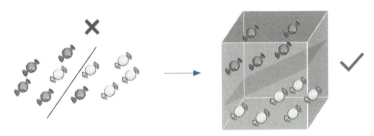

图2-7　在高维度空间分隔糖果

也就是说，当一个分类问题中数据线性可分时，我们可以用一条分界线将数据按不同的类别分开，结合支持向量机最大化间隔的思想，我们还需要尽量使不同类别的数据到分界线的距离最远，寻找这个最远距离的过程，就叫作最优化。当数据线性不可分时，我们就需要使用核函数将数据投影到多维空间，以找到一个平面来分隔数据，而在多维空间中分隔数据的平面，就叫作超平面。此时如果数据集是N维的，那么超平面就是$N-1$维的。

把一个数据集正确分开的超平面可能有多个，而那个具有"最大间隔"的超平面就是支持向量机算法要寻找的最优解，这个最优解对应的两条虚线所穿过的样本点，就是支持向量机中的支持样本点，称为"支持向量"（见图2-8）。支持向量到最优超平面的距离被称为间隔。

当找到最优超平面后，支持向量机算法就能够很好地对新的数据样本进行预测和分类。例如，当样本数据的坐标位于图2-8中最优超平面的左侧时，该数据样本就会被识别为深色糖果；当样本数据的坐标位于最优超平面的右侧时，该数据样本就会被识别为浅色糖果。

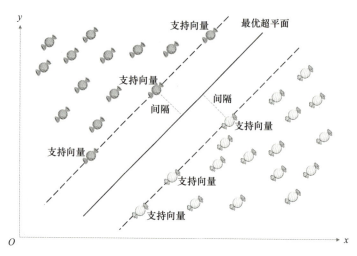

图2-8　支持向量

支持向量机算法在处理小样本数据集时表现优秀，能够有效避免过拟合。同时该算法具有较好的泛化能力和非线性问题解决能力，对新数据的分类能力较强。但是，支持向量机算法在大规模数据集上的计算量较大，需要较多的内存和计算时间。该算法最初是为二分类问题设计的，因此在处理多分类问题时需要进行扩展。

• **AI 思考屋** ∘∘

根据对朴素贝叶斯算法、决策树算法和支持向量机算法的认识与理解，你认为这几种常见的机器学习算法分别适合哪些人工智能领域或应用场景？

2.3　基于神经网络的深度学习

深度学习是机器学习的一个重要分支，它专注于使用人工神经网络，尤其是深层神经网络来模拟人脑的学习过程，使机器能够自动学习和提取数据中的深层次特征，进而实现自主预测和分析。简而言之，深度学习可以通过更加复杂的算法模型，实现对大规模数据的高效处理和学习。

2.3.1　认识人工神经网络

人工神经网络是一种模仿生物神经网络行为特征，进行分布式并行信息处理的人工智能算法模型，其诞生和发展离不开生物神经网络。

1. 生物神经网络

生物神经网络一般指由生物的大脑神经元、突触等组成的网络。生物神经网络是生物体内信息处理的基础，特别是在大脑和脊髓中，生物神经网络负责处理感觉输入、指导行为和认知。

生物神经网络的基本构造包括神经元（即神经细胞）及其之间的连接，神经元是生物神经网络的基本结构和机能单位，具有感受刺激和传导兴奋的功能。每个神经元由细胞本体、树突、轴突和突触等部分组成，如图2-9所示。其中，树突负责接收来自其他神经元的信号，轴突负责将信号传递给其他神经元，突触则是神经元之间的连接点，通过释放神经递质来传递信号。

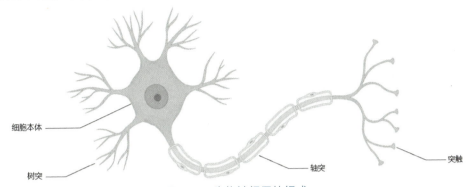

图2-9 生物神经元的组成

2．人工神经网络的构成

人工神经网络是对生物神经网络的一种形式化描述，即通过对生物神经网络的信息处理过程进行抽象，并用数学语言描述出来的模型。

（1）人工神经网络的拓扑结构

人工神经网络按"层"划分神经元，主要包括输入层、隐藏层和输出层，如图2-10所示，前一层的神经元与下一层的神经元相互连接，通过这样的全层连接让每个神经元都能处理信号，并最终从输出层得到结果。

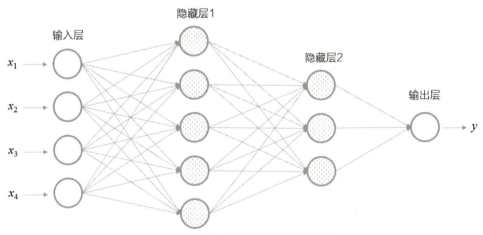

图2-10 人工神经网络的拓扑结构

① 输入层。输入层接收原始数据，如图像、语音、文本等，并将其转化为数字信号输入人工神经网络。输入层神经元的数量是由输入数据的特征数量决定的。例如，需要输入4种数据来做预测，分别是物体的速度、加速度、位置、姿态，这时就需要在输入层设置4个神经元；如果需要输入一张28像素×28像素的灰度图片来做识别，这时就需要设置784（28×28）个神经元。

② 隐藏层。隐藏层是输入层和输出层之间的一层或多层神经元，负责提取数据中的特征，通过学习和调整权重来不断优化模型。隐藏层的设置是人工神经网络设计中的关

键部分，它不像输入层和输出层那样直接由数据决定，它的层数和每层中神经元的数量通常是根据问题的复杂性和经验来设计的。隐藏层可以有一个或多个，每个隐藏层中的神经元数量也可以不同，其作用是将输入数据的特征传递到输出层。隐藏层的设计往往需要通过多次实验和调整来优化。常用的设计策略是增加隐藏层的数量或神经元数量来提高模型性能，直到出现过拟合或计算资源限制为止。

③ 输出层。输出层是最终的结果层，将隐藏层处理得到的结果输出为最终的预测值。输出层神经元数量需要根据结果的种类决定。例如，需要预测一个分数，那么输出层只需设置1个神经元；如果需要让神经网络做二分类判断，判断输入的图片中的动物是小猫还是小狗，那么输出层就需要设置2个神经元。

（2）人工神经网络中的神经元

在人工神经网络中，神经元是模拟生物神经元的计算模型。每个神经元接收来自其他神经元的输入信号，并对它们进行加权处理，计算出一个单一的输出，该输出又可作为其他神经元的输入。这个模型模拟了生物神经细胞之间的信息传递过程。

神经元通常包括3个部分，即输入部分、处理部分和输出部分，如图2-11所示。输入部分接收来自其他神经元的输入信号，并为每个输入分配一个权重；处理部分将所有输入求和，并将它们送入激活函数中产生输出；输出部分将输出传递到下一组神经元，从而实现信息传递。

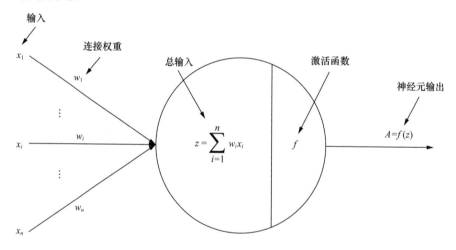

图2-11   人工神经网络中神经元的结构

人工神经网络主要有两种神经元，分别是BN（Bipolar Neuron）和AN（Artificial Neuron）。

① BN。BN常用于传统的传感器网络，其输出是一个二元值（通常是–1或1），主要用于二分类或多分类任务。

② AN。AN常用于现代神经网络，其输出为一个连续值，主要用于处理回归问题和概率估计问题。

（3）人工神经网络中的函数

常见的人工神经网络中的函数有激活函数和损失函数，二者的作用各不相同。

① 激活函数。激活函数主要用于增强人工神经网络的表达能力，使得人工神经网络可以学习到更加复杂的非线性模式。在人工神经网络中，每个神经元都有一个激活函数来处理输入信号，得到特定的输出。常用的激活函数有Sigmoid、ReLU、Tanh等。

② 损失函数。损失函数的主要作用是衡量模型预测结果和真实结果之间的误差，并将误差反馈给神经网络进行参数更新和优化。常用的损失函数有均方误差（Mean Square Error, MSE）、交叉熵损失（Cross Entropy Loss）、KL散度（Kullback-Leibler Divergence）等。

3．人工神经网络的训练和更新

训练人工神经网络时会首先定义一个损失函数，损失函数的定义需要考虑到模型的任务和应用场景。接着需要随机初始化参数，这是非常重要的一步，确保人工神经网络的参数是随机的，没有任何先验偏差。然后通过前向传播，将输入样本传递给神经网络进行计算，紧接着进行反向传播，用于更新权重和偏置的值。在训练过程中，需要反复执行前向传播和反向传播，以更新参数的值，并不断减小误差，直到误差减小到某个阈值或达到最大训练次数。通过以上步骤，就可以完成人工神经网络的训练和更新。

2.3.2 深度学习的概念

深度学习作为机器学习的一个分支，其概念的提出可追溯至杰弗里·辛顿团队于2006年在《科学》杂志上发表的论文。他在文中指出，通过构建多隐藏层的深层结构，机器能够从数据中自动学习输入与输出之间的复杂映射关系。简而言之，深度学习的核心是利用多层级非线性变换，从数据中提取高层次抽象特征来建立预测模型。

深度学习模型通常包含数百万甚至数十亿个参数，能够自动学习数据的有效表示，这些表示有助于解决分类、检测等问题。与机器学习相比，深度学习具有自身独有的特点，二者的对比如表2-1所示。

表2-1 深度学习与机器学习的对比

对比维度	深度学习	机器学习
模型结构与算法	采用复杂的多层神经网络结构，包含多个隐藏层和大量的神经元，通过反向传播算法和梯度下降算法等优化算法进行训练	通常使用较简单的模型结构和算法，如线性回归、决策树算法、支持向量机算法等
数据需求	需要大量的数据来充分发挥其优势，尤其是大规模复杂数据的处理，但当数据量较小时，可能无法很好地发挥其潜力	对数据量的要求相对较少，可以使用较少的数据进行学习和泛化
特征工程	具有自动特征提取的能力，能够从原始数据中自动学习到更高级、更具代表性的特征，减少了人工干预的需求	往往需要人工辅助，包括特征选择、特征提取和特征转换等
执行时间	由于算法中参数较多，训练时间通常较长，可能需要数小时甚至数天的时间	训练时间相对较短，从几秒到几小时不等
硬件依赖性	通常需要高端的机器，特别是需要GPU来加速计算，因为深度学习算法中的矩阵乘法等操作需要大量的计算资源	可以在低端机器上运行，对硬件配置没有很高的要求

2.3.3 深度学习的常见算法

自从深度学习的概念被提出，深度学习便在人工智能领域引起巨大反响，催生出许多具有影响力的算法，如深度神经网络、卷积神经网络、循环神经网络、生成对抗网络等。

1. 深度神经网络

深度神经网络（Deep Neural Network，DNN）也叫多层感知机，是深度学习算法的基石。从20世纪80年代开始，DNN就一直是人工智能研究的核心，随着算力的提升和大数据技术的应用，DNN在21世纪初期迎来爆发式发展，成为许多复杂问题求解的强大工具。

DNN是一种包含多个隐藏层的神经网络，它利用多层的网络结构进行特征的自动提取和学习，每一层由多个神经元组成，神经元之间通过权重连接，上一层都将其输入传递给下一层，并使用非线性激活函数来引入学习到的非线性特性，如图2-12所示。通过组合这些非线性变换，DNN能够学习输入数据的复杂特征表示。

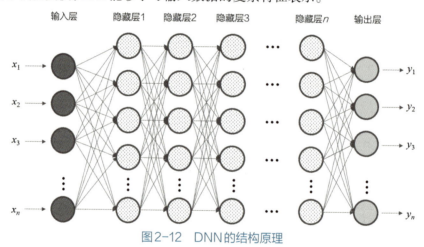

图2-12　DNN的结构原理

DNN的核心在于前向传播和反向传播这两个关键环节。

（1）前向传播。从输入层开始，逐层计算每个神经元的输出直至输出层。每个神经元的输出都依赖于前一层的输出和该神经元的权重。通过非线性激活函数（如Sigmoid、ReLU等），将原始数据逐步转化为更抽象和复杂的特征表示。

（2）反向传播。通过计算预测值与实际值之间的误差，反向更新每层神经元的权重，以减小误差。反向传播基于链式法则（指计算复合函数导数时，把整个过程的每一步导数像链条一样连乘起来）计算网络中每个参数对于总损失函数的梯度，并通过梯度下降算法（如SGD、Adam等）更新权重。这个过程不断迭代，直到达到预设的停止条件（如误差小于某个阈值或达到最大迭代次数）。

假设我们想要训练一个DNN来识别不同种类的水果，如苹果、香蕉和橙子，我们可以将这个过程类比为教一个孩子认识水果的过程。

首先，我们需要收集大量不同水果的图片作为训练数据，并为每张图片标注正确的水果名称，这就像是给孩子准备了许多带有标签的水果卡片，告诉他们每张卡片上画的是什么水果。

接着我们需要构建神经网络，DNN由许多层组成，就像多层楼房一样。每一层都包含许多神经元，这些神经元类似孩子大脑中的神经细胞，输入层接收水果图片的数据，就像孩子的眼睛里看到水果图像。隐藏层则对这些数据进行处理和分析，就像孩子在大脑中对看到的水果进行思考和判断。输出层给出最终的识别结果，即判断这张图片中的水果是苹果、香蕉还是橙子，就像孩子说出看到的水果名称一样。

训练DNN时，我们会将大量的水果图片和对应的标签输入网络。网络会通过不断地调整神经元之间的连接权重来学习不同水果的特征。这个过程中，DNN会尝试对每张图片进行分类，然后根据分类结果与正确标签之间的差异来调整权重，以减小误差。这就好比孩子在不断观察水果卡片的过程中，逐渐记住了每种水果的特点，再看到类似的水果时就能准确地识别出来。

当训练完成后，我们就可以用这个DNN来识别新的水果图片了。将一张未知的水果图片输入网络，DNN会根据所学到的知识，给出一个最可能的识别结果，告诉我们这张图片上的水果是什么。

DNN广泛应用于图像分类、语音识别、自然语言处理等场景，能够学习输入数据的复杂特征，并捕获非线性关系，具有强大的特征学习和表示能力。但是，随着网络深度的增加，梯度消失问题会变得严重，这将导致训练不稳定的情况发生，使DNN模型容易陷入局部最小值，可能需要采取初始化策略和正则化技术加以纠正。

> **AI专家**　当训练数据量不足或发生过度训练时，过拟合现象往往难以避免。正则化技术旨在向原始模型引入额外信息，预防过拟合并提升模型的泛化能力。在深度学习中，从最小化泛化误差的角度来看，表现最佳的拟合模型通常是经过适当正则化的大型模型。

2．卷积神经网络

卷积神经网络是深度学习的代表算法之一，其独特的网络结构和运算方式，使其特别适用于处理图像数据。卷积神经网络由多个层次的神经网络组成，每一层都对输入数据进行特定的处理，最终输出一个分类结果或其他目标。这些层次主要包括以下5种。

（1）输入层。输入层接收原始图像数据。图像通常由红、绿、蓝3个颜色通道组成，这些颜色数据形成一个二维矩阵，表示像素的强度值。

（2）卷积层。卷积层是卷积神经网络的核心，用于提取图像的局部特征。它通过卷积操作，将输入图像与多个卷积核（也就是滤波器）进行卷积，得到多个特征图。每个卷积核对应一种特定的图像特征，如边缘、纹理等。

（3）激活层。在完成卷积操作之后，通常会应用一个非线性激活函数，如ReLU，以增加模型的非线性特征，使其能够处理更复杂的数据。

（4）池化层。池化层用于减小特征图的尺寸，从而减少计算量和防止过拟合。它通过在特征图上滑动一个窗口，并选择窗口内的最大值（即最大池化）或平均值（即平均池化）作为输出。

（5）全连接层。在多层卷积和池化之后，通常会连接一个或多个全连接层，对提取到的特征进行分类。全连接层的每个神经元都与前一层的所有神经元相连，通过线性变换和激活函数得到输出。卷积神经网络的结构原理如图2-13所示。

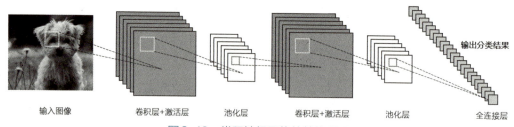

输入图像　　　卷积层+激活层　池化层　　　卷积层+激活层　池化层　　　　全连接层

输出分类结果

图2-13　卷积神经网络的结构原理

假设我们需要通过卷积神经网络从一堆图片中找出所有含有猫的图片。

首先，我们需要将这些图片输入网络。在卷积神经网络中，输入的图像数据通常是表示像素值的矩阵。例如，一张灰度图片可以表示为一个二维矩阵，彩色图片则是三维矩阵（高度 × 宽度 × 颜色通道）。

接下来我们使用卷积层来提取特征。卷积层由多个卷积核组成，每个卷积核是一个小矩阵，用于扫描输入的图像，检测特定类型的模式。例如，有一个卷积核专注于检测眼睛，这个卷积核会在图像上滑动，计算与图像各部分的相似度。当它发现与猫的眼睛相似的区域时，便会被激活并产生一个高响应值。这个过程就像在图片上移动一个小窗口，寻找特定的形状或纹理。卷积操作后，通常会应用一个激活函数将线性组合的结果转换为非线性输出。

接着使用池化层来减少计算量并保留重要信息。池化层通过提取局部区域的最大值或平均值来降低特征图的维度。这样，即使输入图像的大小产生变化，神经网络也能保持一定的不变性。

经过几层卷积和池化后，将得到一个较小的特征向量，代表输入图像的高级特征。这些特征被送入全连接层，类似于传统神经网络中的输出层。全连接层将特征向量转换为最终的输出，比如图片中是否包含猫的概率。

最后，卷积神经网络给出预测结果。在这个例子中，预测结果可能是一个概率值，表示图片中存在猫的可能性有多大。如果概率超过某个阈值，就认为图片中有猫。

卷积神经网络在图像处理和识别领域有着广泛的应用，它能够自动从数据中学习特征，这在处理复杂图像数据时尤其有用。在卷积神经网络的卷积层中，同一个卷积核在整幅图像上可以共享，这大大减少了模型的参数数量，降低了计算复杂度。另外，卷积层中的神经元只与输入数据中的一部分数据连接，这减少了连接数量，也使得算法更加高效。但是，训练卷积神经网络需要大量的计算资源，尤其是在处理高分辨率图像时。由于网络结构的复杂性，训练卷积神经网络通常需要较长的时间。

3．循环神经网络

循环神经网络（Recurrent Neural Network，RNN）是一类用于处理序列数据的神经网络，能够处理输入信息的序列，并在序列的不同时间点共享参数。循环神经网络的核心是隐藏状态，它包含过去输入的信息，被用来影响当前和未来的计算。

一个简单的循环神经网络如图2-14所示，它由一个输入层、一个隐藏层（也称为循环层)和一个输出层

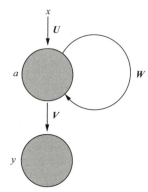

图2-14　一个简单的循环神经网络

组成，其中 x 是输入数据；a 是隐藏层的值，a 不仅取决于当前这一次的输入 x，还取决于上一次隐藏层的值 a；y 是输出数据，输出层是一个全连接层，它的每个节点都和隐藏层的每个节点相连；U 是输入层到隐藏层的权重矩阵；V 是隐藏层到输出层的权重矩阵；W 是隐藏层上一次的值作为这一次输入的权重。

假设我们使用循环神经网络来预测一个句子中的下一个单词。此时循环神经网络的隐藏状态初始化为 0，输入的句子为"我昨天去了"。对于句子中的第一个单词"我"，循环神经网络将其与当前的隐藏状态结合，生成一个新的隐藏状态。对于第二个单词"昨天"，循环神经网络再次更新隐藏状态，这次考虑了前一个单词的信息。这个过程持续进行，直到处理完所有单词。在处理完"去了"之后，循环神经网络的隐藏状态包含整个句子的信息。基于这个状态，循环神经网络预测下一个最有可能的单词，比如"公园"。在传统的神经网络中，每一层只与下一层相连。而在循环神经网络中，隐藏状态会反馈到自身，形成一个循环。这意味着当前时刻的隐藏状态不仅取决于当前的输入，还取决于之前的隐藏状态。

循环神经网络能够处理任意长度的序列数据，这对语言处理、时间序列分析等任务非常有用。该算法通过在序列的不同时间点共享参数，降低了模型的复杂性。循环神经网络能够利用上下文信息，这在理解序列数据的上下文关系时非常有用。但是，由于序列的依赖性，循环神经网络难以并行化处理，这限制了其计算效率。

4．生成对抗网络

生成对抗网络由生成器和判别器两个部分组成。生成器的任务是生成尽可能逼真的数据样本，而判别器的任务是区分这些生成的样本与真实样本，两者通过对抗的方式相互训练，以提升彼此的性能。

图 2-15 所示为生成对抗网络的结构原理，生成器和判别器都可以用人工神经网络实现。其中，图 2-15 左侧是生成器，其输入是 z，对于原始的生成对抗网络，z 是由高斯分布随机采样得到的噪声，噪声 z 通过生成器得到假样本。生成的假样本与真实样本放在一起，被随机抽样输入判别器，由判别器去区分输入的样本是生成的假样本还是真实的样本，整个过程简单明了。生成对抗网络中的"生成对抗"主要体现在生成器和判别器之间的对抗。

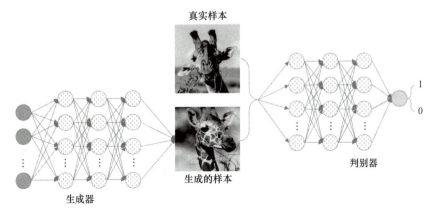

图 2-15 生成对抗网络的结构原理

假设我们在参加一个艺术比赛，比赛中有画家团队和评委团队。画家的任务是模仿真迹画出尽可能相似的画作，而评委的任务是鉴别这些画作是真迹还是画家模仿的。

生成器就像是画家，它的任务是创造画作。在训练开始时，生成器可能会画出一些非常简单和粗糙的图像，比如一些随机的线条和形状。但是随着训练的进行，生成器会逐渐学会画出越来越复杂和逼真的图像。

判别器就像是评委，它的任务是判断画作是真迹还是由生成器伪造的。在训练开始时，判别器可能很容易就能分辨出真假画作，因为生成器生成的画作还很粗糙。但是随着时间的推移，生成器生成的画作越来越好，判别器需要变得更加"聪明"才能正确判断。

在训练过程中，我们可以使用损失函数来衡量生成器和判别器的性能。理想情况下，经过足够多的训练后，生成器和判别器将达到一种平衡状态，称为"纳什均衡"。在这个状态下，生成器创作的画作更加逼真，以至于判别器无法区分真伪。

生成对抗网络能够生成非常高质量的数据样本，在图像生成领域表现出色。与传统的有监督学习不同，生成对抗网络不需要大量有标签的数据来进行训练，可以应用于图像、文本、音频等多种类型的数据生成任务。但是，生成对抗网络的训练过程可能会出现不稳定现象，如模式崩溃（即生成器只产生有限的几种样本）。另外，训练大型的生成对抗网络模型需要大量的计算资源。

• AI 思考屋

总结以上4种深度学习算法的原理和特点，并思考这4种深度学习算法分别适合应用在哪些人工智能领域。

2.4　课堂实践

2.4.1　使用机器学习算法设计垃圾邮件过滤器

1. 实践目标

机器学习是人工智能的重要组成部分，它利用各种先进的算法让机器具备学习能力，推动了人工智能技术的发展。本次课堂实践利用朴素贝叶斯算法构建一个简单的垃圾邮件过滤器，以进一步了解机器学习算法的原理。

2. 实践内容

本次课堂实践的具体操作如下。

（1）准备训练数据。假设我们有几封邮件和对应的标签（0表示正常邮件，1表示垃圾邮件），如图2-16所示。

（2）预处理数据。首先将邮件内容拆分成单词，这里分别将"赚钱秘籍"拆分成"赚钱"和"秘籍"，将"促销活动"拆分成"促销"和"活动"，将"朋友聚会"拆分成"朋友"和"聚会"，将"知识讲座"拆分成"知识"和"讲座"，将"投资理财"拆分成"投资"和"理财"。如果文本包含"的""和""是"等常见词语，需要将这些停用词去除，这里不需要此操作。

邮件内容	标签
赚钱秘籍	1
促销活动	1
朋友聚会	0
知识讲座	0
投资理财	1

图2-16　邮件训练数据

> **AI专家**　停用词（Stop Word）是指在自然语言处理中经常出现但对文本的意义贡献很小的词。这些词通常是语法词，如冠词、代词、连词、介词等。在文本分析时，停用词通常会被忽略，因为它们包含的语义信息少。

（3）计算先验概率。分别计算正常邮件和垃圾邮件的先验概率。即P(正常邮件)=2/5，P(垃圾邮件)=3/5。

（4）计算条件概率。分别计算各单词在正常邮件和垃圾邮件的概率，如单词"秘籍"和"投资"，P(秘籍|正常邮件)=0/2，P(秘籍|垃圾邮件)=1/3，P(投资|正常邮件)=0/2，P(投资|垃圾邮件)=1/3。

（5）构建垃圾邮件过滤器。输入一封新邮件，计算新邮件后验概率，如"投资秘籍"，分词后为"投资"和"秘籍"，P(新邮件|正常邮件)=P(投资|正常邮件)×P(秘籍|正常邮件)×P(正常邮件)=0/2×0/2×2/5=0；P(新邮件|垃圾邮件)=P(投资|垃圾邮件)×P(秘籍|垃圾邮件)×P(垃圾邮件)=1/3×1/3×3/5=1/15。

（6）预测类别。由于P(新邮件|正常邮件)<P(新邮件|垃圾邮件)，因此可以判断出新邮件为垃圾邮件，可将该邮件视为垃圾邮件过滤掉。

2.4.2 体验照片着色的深度学习算法应用

1. 实践目标

这是一张黑白的中国传统风景照片，画面中有一座古老的宝塔、蜿蜒的河流以及远处的山脉。在某些能够自动为照片着色的网站上，只需要将照片添加到网页中并执行着色操作，便可快速得到彩色的照片，如图2-17所示。本次实践将从深度学习算法的角度，深入了解人工智能技术完成照片着色的过程，进一步理解深度学习算法的具体应用。

图2-17　黑白照片着色前后效果

2. 实践内容

为照片着色有许多可用的方法，这里仅以某种使用深度学习算法为黑白照片自动着色的方法为例进行介绍，其大致过程如下。

（1）数据准备

从互联网、摄影图库等渠道收集各种类型的彩色风景照片，这些照片应在季节、天气、光照条件等方面有区别，以确保数据的多样性和丰富性。例如，春天的花海、夏天的树林、秋天的金黄麦田、冬天的雪景等不同季节景色的照片；或者晴天、阴天、雨天、雪天等不同天气状况下的风景照片。

从收集到的彩色照片中挑选出与需要着色的黑白照片在内容、场景、拍摄角度等方面相似的彩色照片作为训练数据。例如，如果黑白照片是一张古建筑的照片，那么选择包含相似古建筑的彩色照片作为参考。

将筛选出的彩色照片转换为灰度图像，模拟黑白照片的效果。这一步骤可以通过计算彩色图像的亮度分量或使用其他灰度化方法来实现。同时，标注彩色照片，记录下每个像素点对应的RGB（一种颜色标准）颜色值，以便在训练过程中作为监督信息使用。

（2）模型选择与构建

使用卷积神经网络通过多个卷积层和池化层的组合来自动提取黑白照片中的特征。卷积层通过卷积核在图像上滑动，捕捉局部纹理、边缘等信息。例如，一个3×3的卷积核可以在图像上扫描，检测出水平或垂直方向的边缘。池化层则用于降低数据维度，减少计算量，同时保留重要的特征信息。

将提取到的特征进行整合和转换，以便预测颜色。全连接层中的神经元与前一层的所有神经元相连，通过对这些连接的加权求和与激活函数的作用，将特征映射到颜色空间。然后输出预测的RGB颜色值，通常使用3个节点分别表示R、G、B这3个通道的值，输出的范围一般为$0 \sim 255$。

然后使用生成对抗网络接收黑白照片作为输入，通过多层神经网络生成彩色照片。生成器的网络结构可以采用类似卷积神经网络的结构，包括卷积层、池化层、激活层等。在训练过程中，生成器不断学习如何根据黑白照片的内容生成颜色分布合理的照片。

接着用判别器判断生成的彩色照片是否真实。判别器是一个神经网络，它接收彩色照片作为输入，输出一个概率值，表示该照片是真实的彩色照片还是生成的假照片。判别器的输出范围一般为$0 \sim 1$，接近1表示照片更有可能是真实的，接近0表示照片更有可能是生成的。

（3）算法选择

使用MSE损失函数计算生成的彩色照片与真实彩色照片之间对应像素点的RGB颜色值的差异的平方和的平均值。平均值越小，说明生成的颜色与真实颜色越接近。

使用梯度下降算法不断调整模型的参数，使损失函数的值最小化。

在后期训练过程中，根据训练的进度和损失函数的变化情况，动态调整学习率。例如，在训练初期使用较大的学习率加快收敛速度，当误差减小到一定程度后，减小学习率以提高模型的稳定性和精度。

（4）训练过程

按前向传播将黑白照片输入模型，按照模型的结构和参数进行计算，得到生成的彩色照片或预测的颜色值。根据定义的损失函数，计算生成的彩色照片与真实彩色照片之间的差异，得到损失值。使用反向传播，根据得到的损失值，通过链式法则计算模型中各个参数的梯度，确定参数的更新方向和步长。最后根据计算得到的梯度和学习率，更新模型的参数，使模型逐渐学习到从黑白照片到彩色照片的映射关系。

（5）着色过程

将需要着色的黑白照片输入训练好的模型，模型根据输入的黑白照片，利用学习到的特征和映射关系，生成相应的彩色照片。为提高着色质量，模型可以对生成的彩色照片进行后期处理操作，如调整色彩平衡、对比度、亮度等参数，使色彩更加自然和逼真。

最终，经过上述一系列步骤，我们能够建立一个高效且精准的黑白照片自动着色系统。该系统不仅能够捕捉到照片中的细微纹理和边缘信息，还能智能地分配颜色，使得生成的彩色照片在色彩分布、对比度、亮度等方面都尽可能接近真实场景。此外，通过后期处理操作的进一步优化，可以确保最终输出的彩色照片色彩自然、逼真，达到令人满意的视觉效果。

知识导图

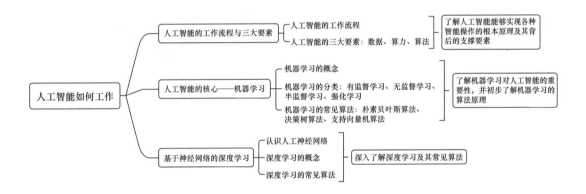

人工智能素养提升

培养算法思维

培养算法思维对于人工智能学习至关重要，这不仅能够提升我们理解、设计和优化算法的能力，还能帮助我们更有效地掌握和应用人工智能技术，提升解决复杂问题的能力。

培养算法思维首先要培养对问题的敏锐洞察力，学会从复杂现象中提炼出本质特征，这是算法思维的起点。在日常学习和工作中，我们应建立起分析问题的良好习惯，尝试将其分解为更小的、可管理的部分，并识别出关键信息。这种分解与抽象的能力，有助于我们构建出解决问题的初步框架。

其次，掌握基本的算法原理和编程技能很重要。算法是解决问题的步骤或规则，而编程可以将这些步骤转化为计算机可执行的指令。我们应当熟悉常见的算法，理解它们背后的数学原理和逻辑结构，并主动学习编程语言，将理论知识转化为实际操作。

另外，算法思维不仅仅是套用现成的解决方案，更重要的是在面对新问题时，能够灵活运用所学知识，设计出高效且独特的算法。这要求我们在掌握基础知识的前提下，具备解决问题的勇气。

总的来说，培养算法思维是一个循序渐进的过程，这要求我们具备分析问题的能力、编程的能力、创新的能力等多种素养，只有这样，我们才能在人工智能领域不断前行，创造出更多有价值的成果。

思考与练习

1．名词解释

（1）算力　　　　　　（2）有监督学习　　　　　　（3）强化学习
（4）人工神经网络　　（5）深度学习

2．单项选择题

（1）被喻为人工智能的"燃料"的是（　　）。
　　A．数据　　　　　　B．算力　　　C．算法　　　　　　D．知识
（2）通过模仿人脑的学习机制，能够实现对复杂数据的处理的算力是（　　）。
　　A．基础算力　　　　B．智能算力　C．超级算力　　　　D．新一代算力
（3）算法中的所有操作都应该是可执行的，这是算法（　　）的体现。
　　A．有穷性　　　　　B．确定性　　C．可行性　　　　　D．输出项
（4）下列选项中，属于无监督学习算法的是（　　）。
　　A．支持向量机　　　　　　　B．K近邻算法
　　C．协作训练　　　　　　　　D．K均值聚类
（5）具有池化层的深度学习算法是（　　）。
　　A．深度神经网络　　　　　　B．卷积神经网络
　　C．循环神经网络　　　　　　D．生成对抗网络

3．简答题

（1）简述人工智能的工作流程。
（2）简单说明算力的构成情况。
（3）阐述你对机器学习的理解情况。
（4）什么是决策树算法？
（5）简述深度神经网络的工作原理。

4．能力拓展题

　　周末即将来临，你计划组织一次户外活动来放松身心。为了确保活动既有趣又符合团队成员的喜好，你需要考虑多个因素来做出决策。这些因素主要包括活动类型（如徒步、野餐、露营或骑行）、天气状况、参与者的体能水平以及活动地点的交通便利性等。请按照决策树算法的基本思路来规划理想的周末活动，以图形化的方式展示决策树，确保每个节点和分支都清晰易懂。

第 3 章

人工智能的研究领域

本章导读

　　人工智能作为计算机科学的一个分支，一直以创造出能够像人类一样思考和行动的机器为目标。从最初的简单计算到如今的深度学习，人工智能经历了漫长的发展历程。随着计算机硬件的飞速发展和海量数据的积累，人工智能的研究进入了一个崭新的时代，影响并改变着人们的生活方式。

　　人工智能的研究涵盖多个领域，包括知识图谱、专家系统、自然语言处理、计算机视觉、智能语音等经典研究领域，以及大语言模型、多模态融合、智能机器人、具身智能机器人、元宇宙、数字人、人工智能驱动科学等多个前沿研究领域。这些领域的研究成果共同推动了人工智能技术的进步，使其能够在医疗、金融、教育、交通等多个行业中得到广泛应用，促进了社会智能化程度的提升。

课前预习

学习目标

知识目标

（1）掌握知识图谱和专家系统的基本概念和结构。
（2）熟悉自然语言处理、计算机视觉和智能语音的研究内容。
（3）熟悉大语言模型和多模态融合的研究内容。
（4）熟悉智能机器人与具身智能机器人的基本情况。
（5）知晓人工智能在元宇宙、数字人和人工智能驱动科学等领域的研究情况。

素养目标

（1）树立正确的三观，正确使用人工智能、合理使用人工智能。
（2）增强数据安全意识，在数据收集、使用和存储过程自觉遵守法律法规，维护他人隐私。

引导案例

具身小脑模型：赋予机器人实时反应能力

具身小脑模型是一种模拟人类小脑功能的人工智能模型，它将感知、决策和执行融为一体，实现机器人对环境的快速响应。这一模型主要包含3个核心模块：感知模块、决策模块和执行模块。感知模块负责接收外部环境信息，如视觉信息、听觉信息、触觉信息等；决策模块根据感知模块获取的信息进行实时决策；执行模块则根据决策模块的指令，完成相应动作。

具身小脑模型的特点在于其实时性、自适应性和鲁棒性，它能够迅速处理感知信息，做出决策，并根据环境变化调整自身行为。这使具身小脑模型在复杂环境中具备较高的稳定性和可靠性，在机器人运动、无人驾驶、工业生产、家庭服务等多个领域具有广阔的应用前景。

在机器人运动领域，如足球比赛，具身小脑模型可以通过实时感知场上的局势，迅速做出决策，指导机器人完成传球、射门等动作，展现出强大的实时反应能力和策略规划能力。

在无人驾驶领域，具身小脑模型能够实时处理车辆周围的环境信息，确保行驶安全。通过集成学习方法，结合车辆本体结构与环境特性，具身小脑模型能够选择合理的模型控制算法，实现高动态、高频、鲁棒的规划控制动作。这不仅提高了无人驾驶系统的安全性和可靠性，也对智能交通系统的发展有益。

在工业生产领域，如在装配作业中，具身小脑模型能够实时识别零件位置，指导机器人完成精准装配，提高生产效率。这种自动化和智能化的生产方式不仅降低了人工成本，还提高了产品质量和生产效率。

在家庭服务领域，通过集成自然语言处理、计算机视觉等技术，具有具身小脑模型的家庭服务机器人能够实现与人类的自然交互。例如，根据主人的语音指令，机器人可以完成扫地、擦窗等家务。

近年来，我国相关单位和企业持续加大在具身小脑模型领域的投入，多家高校和研究机构也开展了相关研究。这些研究不仅推动了具身小脑模型的理论发展，也为其在实际应用中的优化和改进提供了有力支持。

【案例思考】

（1）具身小脑模型是什么？有什么特点？

（2）具身小脑模型可以应用在哪些领域？

3.1 典型研究领域

人工智能从诞生之初，就在多个领域展现出巨大的研究潜力和价值，如知识图谱、专家系统、自然语言处理、计算机视觉、智能语音等典型研究领域，这些领域的研究将人工智能的应用推向新的高度，让机器变得更加智能。

3.1.1 知识图谱

知识图谱是一种结构化的、语义化的知识表示方式，能够帮助机器理解和处理人类语言。从搜索引擎到智能医疗、人机对话系统等，无不与知识图谱相关。

1．知识图谱的定义

知识图谱是一种将相互连接的实体及其关系等以图形化的形式表示出来的语义知识库，用于描述物理世界中的概念及其相互关系。它将知识以结构化的方式表示出来，使机器可以更好地理解和处理人类语言。知识图谱通常是一个大型的、半结构化的、面向主题的、多模态的知识库，其中包含各种实体、关系等信息，这些信息通过一系列的算法和模型进行处理和推理，使得机器能够自动从中获取、推理和生成新的知识。

图3-1所示即一个简单的家庭成员知识图谱，它以图形化的方式让我们可以一目了然地看到各个实体之间的关系，从而更好地理解和分析数据。当我们想要查询某个家庭成员的信息时，可以直接在知识图谱中搜索。例如，如果我们想知道女儿就读的学校，只需在知识图谱中找到女儿这个节点，然后查看其学校节点。此外，知识图谱还可以帮助我们进行关系推理。例如，如果我们知道父亲和女儿的关系，以及母亲和女儿的关系，那么我们可以推理出父亲和母亲之间的关系是夫妻关系。

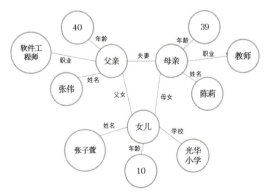

图3-1 家庭成员知识图谱

2．知识图谱的组成

知识图谱主要由实体、关系和属性3个部分组成。

（1）实体

实体是知识图谱中的基本节点，代表着现实世界中的具体对象或抽象概念，如人、地点、组织、事件等。例如，在医疗知识图谱中，"糖尿病"可以作为一个实体，它代表了一类疾病；在社交网络图谱中，"张三"可以作为一个实体，它代表了一个具体的人物。实体是知识图谱中最基本的单元。人工智能模型可以利用实体之间的关系和属性来理解复杂的语义信息，从而提高理解的准确性。

（2）关系

关系描述了实体之间的各种相互作用和联系，它用于连接不同实体，表示它们之间的联系。关系的识别和分类有利于理解实体之间的相互联系，关系的精确识别和表达不仅丰富了知识图谱的语义层次，还为高级数据分析和人工智能应用提供了必要的结构化信息。例如，在医疗知识图谱中，"属于"关系可以连接"糖尿病"和"疾病"这两个实体，表明糖尿病是一种疾病；在社交网络图谱中，"朋友"关系可以连接两个具体的人物，表示他们之间的社交关系。

（3）属性

属性是对实体的描述和补充，它提供了关于实体的详细信息，通常用来描述实体在某一方面的固有特性或状态。属性的准确识别和整合有利于丰富知识图谱的内容。在数据分析方面，属性分析能够帮助数据分析师深入地了解数据特征，从而进行有效的数据处理和分析；在人工智能应用中，属性的利用可以极大地提高模型的性能。例如，在医疗知识图谱中，"糖尿病"这个实体可能具有"病因""症状""治疗方法"等属性；在人物知识图谱中，"张三"这个实体可能具有"年龄""职业""爱好"等属性。

💬 AI 拓展走廊

三元组是知识图谱的基本数据结构，由主体、谓词和客体3个要素组成，通常表示为"主体，谓词，客体"的形式。其中，主体和客体是实体，谓词则表示关系或属性。例如"张三出生于 2000 年"就是一个三元组，其中"张三"是主体，"出生于"是谓词，"2000 年"是客体。通过将实体、关系和属性信息组织成三元组的形式，可以清晰地表达出各种知识，使得知识可以被机器理解和处理，为机器的学习和推理提供了基础。基于三元组，还可以进行知识推理，即通过已知的事实推断出新的知识。例如，如果存在"A 是 B 的父母"和"B 是 C 的父母"这两个三元组，就可以推理出"A 是 C 的祖父母"。这种推理可以帮助填补知识图谱中的空白，丰富知识图谱的内容和语义信息。此外，通过采用统一的三元组结构，不同来源的数据可以被映射到相同的模式中，从而实现数据的统一管理和查询。

---

3. 知识图谱的构建

知识图谱的构建是一个相对复杂的过程，它需要从各种渠道获取、整合和加工大量的数据，其主要构建环节如下。

（1）数据收集

根据知识图谱的应用场景和目标，确定所需的数据来源。例如，构建一个医疗领域的知识图谱，就可能需要收集医学文献、电子病历、药品说明书等数据。收集数据时，对于结构化数据和半结构化数据，可以通过直接访问数据库或使用应用程序接口获取；

对于非结构化数据，则需要通过网络爬虫技术从网页、文档等对象中抓取。在数据的收集过程中，要注意数据的合法性和合规性，遵守相关的法律法规和网站的使用条款。

（2）数据清洗

对收集到的数据进行初步筛选，删除重复、无效、错误的数据，以提高数据的质量。例如，去除格式错误的记录、纠正拼写错误、填补缺失的值等。为了便于后续的处理和分析，还需要将不同格式的数据转换为统一的格式，例如，将日期格式统一为"YYYY-MM-DD"，将货币格式统一为人民币等。当来自不同数据源的数据存在矛盾或不一致时，需要通过人工审核、规则判断或统计分析等方法处理，确保数据的一致性。

（3）实体抽取

实体抽取是指从数据中识别并提取出有意义的实体，这些实体通常具有一定的语义和特定性，如人名、地名、组织等，可采用的抽取方法如下。

① 基于规则的方法。该方法根据预先定义的规则和模式，识别出数据中的命名实体。例如，根据人名、地名、组织等实体的常见特征和格式，编写正则表达式来匹配和提取实体。

② 基于统计的方法。该方法利用词频、互信息（用于衡量两个随机变量之间共享信息的量）等统计指标，计算词语的重要性和关联度，从而识别出可能的实体。例如，通过分析大量数据中词语的出现频率和多个词语的共现关系（即多个词语同时出现的频率和模式），确定一些具有特定语义和重要性的词语作为实体。

③ 基于机器学习的方法。该方法使用预训练的深度学习算法的相关模型，对文本进行语义理解和实体识别。这些模型可以自动学习文本中的复杂结构和模式，提高实体识别的准确性和效率。

> **AI专家** 正则表达式是一种强大的文本模式匹配工具，用于搜索、替换和验证字符串。它通过使用特定的字符和字符组合来定义匹配规则，从而实现对文本的操作。正则表达式广泛应用于多种编程语言中，包括Perl、Python、Java等。

（4）关系抽取

关系抽取是指从数据中识别并提取实体之间的语义关系的过程，可采用的抽取方法如下。

① 基于模板匹配的方法。该方法根据预先定义的关系模板，在文本中查找符合模板的句子或短语，从而识别出实体之间的关系。例如，定义"A的父亲是B"这样的模板，在文本中匹配相应的句子来确定人物之间的父子关系。

② 基于依存句法分析的方法。依存句法是一种描述各个词语之间依存关系的方法，基于该方法的关系抽取是通过分析句子的语法结构，确定词语之间的依存关系，从而推断出实体之间的关系。例如，在句子"张三毕业于北京大学"中，根据依存句法分析可以确定"张三"和"北京大学"之间存在毕业关系。

③ 基于机器学习的方法。可以使用循环神经网络对大量的数据进行训练，学习实体之间的关系模式，从而实现自动的关系抽取。此外，还可以使用支持向量机、朴素贝叶斯等机器学习算法进行关系抽取。

（5）属性抽取

属性抽取是指从数据中自动识别和提取与实体相关的属性名称及属性值的过程，可采用的抽取方法如下。

① 基于规则的方法。该方法根据实体的类型和属性的定义，制定相应的规则来抽取属性值。例如，对于人物实体，可以根据其出生日期、职业等信息的常见表达方式，编写规则来提取这些属性值。

② 基于机器学习的方法。该方法利用分类算法或回归算法预测和抽取实体的属性。例如，使用决策树算法，根据实体的其他属性和相关特征，预测其未知的属性值。

（6）数据建模

数据建模的目的是确定哪些对象应当作为实体被纳入知识图谱，并为每个实体定义其属性以及实体之间的关系。数据建模时主要涉及选择表示方法以及构建本体。

① 选择表示方法。常见的表示方法包括资源描述框架、属性图等。资源描述框架是一种基于三元组的表示方法，即将知识表示为主体、谓词和客体的形式；属性图则是一种图结构表示方法，用节点表示实体，边表示关系，节点和边都可以附带属性。

② 构建本体。本体是知识图谱的概念模型，定义了实体类型、关系类型及其属性。本体构建可以参考已有的本体标准，如网络本体语言（Web Ontology Language，OWL）等，也可以根据具体需求自定义本体。通过构建本体，可以明确知识图谱的结构和语义，为知识的存储、查询和推理提供基础。

（7）知识融合

知识融合是将不同来源、格式和结构的数据统一整合到一个一致的知识图谱中的过程，旨在解决多源数据之间的冗余、表达不一致以及信息冲突等问题，以扩展和完善知识图谱的内容。常见的知识融合过程如下。

① 实体对齐。即将来自不同数据源的相同实体进行合并和统一表示，解决实体名称不同但实际指向同一对象的问题。实体对齐通常基于对实体的属性相似度、上下文信息等进行计算，并通过设定一定的阈值来判断两个实体是否为同一实体。

② 知识合并。即整合不同来源的知识，去除重复的知识，解决知识之间的冲突和矛盾。在合并过程中，需要综合考虑知识的可信度、时效性等因素，以确保合并后的知识具有较高的质量和准确性。

（8）知识推理与验证

知识推理与验证是构建知识库的两个关键环节，有助于确保知识图谱的准确性、完整性和可靠性。

① 知识推理。该环节利用已有的知识，通过逻辑推理、规则推理、概率推理等方法，推导出新的知识和隐含的关系，从而丰富和完善知识图谱。例如，根据"父亲"和"儿子"的关系，可以推理出祖孙关系。

② 知识验证。该环节对知识图谱中的知识进行验证和评估，确保知识的正确性和可靠性。具体可以通过人工审核、与权威数据源进行对比、基于统计和机器学习的方法等方式进行验证，及时发现和纠正知识图谱中的错误和不一致之处。

● **AI 思考屋** ○○

请按照你的理解，将知识图谱的整个构建过程重新表述出来。

4. 知识图谱的应用

知识图谱在多个方面都有应用，如搜索引擎、智能客服、智能医疗等，下面简要介绍它的应用情况。

（1）搜索引擎

在搜索引擎中，知识图谱能够优化搜索结果的相关性。通过构建大规模的知识图谱，搜索引擎可以更好地理解用户的查询意图。例如，当用户输入"太阳系中最大的行星"时，搜索引擎可以利用知识图谱中的知识直接给出答案"木星"，并呈现与木星相关的其他信息，如其直径、质量等，大大提升了用户获取信息的效率和准确性。

知识图谱还可以丰富搜索结果的展示。除了常规的文字链接，搜索结果还可以知识卡片的形式展示实体的详细信息，包括图片、简介、相关实体等。例如，在搜索某个历史人物时，知识卡片会显示该人物的生平事迹、主要成就、所处时代背景等信息，让用户更直观地了解搜索对象。

此外，知识图谱对于语义搜索的辅助作用也较为显著，它能够识别同义词、近义词以及相关的实体和概念，使搜索更加智能化。例如，用户搜索"芒果"，搜索引擎可以根据知识图谱区分用户是指水果还是"芒果TV"，或同时提供两方面的信息，如图3-2所示。

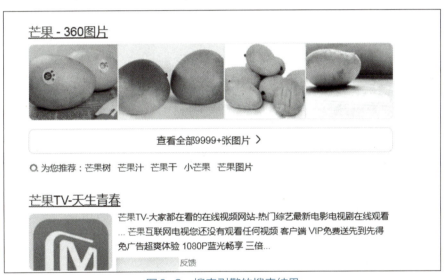

图3-2 搜索引擎的搜索结果

（2）智能客服

对于智能客服而言，通过构建包含常见问题、产品信息、服务流程等信息的知识图谱，智能客服就能够快速识别用户咨询的问题类型。例如，当用户询问某款电子产品的功能时，智能客服可以在知识图谱中找到该产品对应的实体，并提取其功能属性来回答用户的问题。在此基础上，知识图谱基于知识和推理规则，可以帮助智能客服实现自动问答的操作，无须人工干预。例如，用户询问某家餐厅的营业时间，智能客服可以根据知识图谱中存储的餐厅信息直接回复用户，回复速度和准确度都能得到保障，这可以有效提升用户的体验感。

（3）智能医疗

在智能医疗领域，知识图谱可以整合海量的医学知识，包括常见问题、饮食建议、主要症状、并发症、药品等，如图3-3所示。通过对这些知识的结构化表示和关联分析，医生可以更快地获取准确的诊断信息。例如，当输入患者的症状时，知识图谱可以根据症状与疾病的关联关系，提示可能的疾病诊断，帮助医生缩小诊断范围。

当需要制定个性化的医疗方案时，知识图谱可以根据患者的个体特征，如年龄、性别、病史、基因信息等，并结合相应的医学知识，为患者推荐合适的治疗方案和药物。例如，对于特定疾病的老年患者，知识图谱可以综合考虑其身体机能和药物耐受性，选择更安全有效的治疗药物。

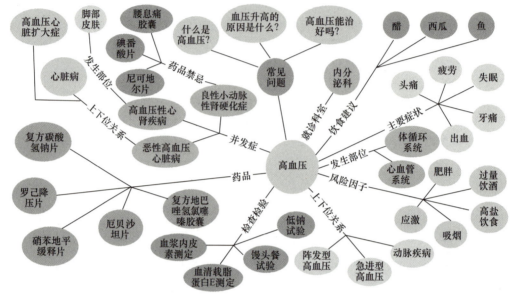

图3-3　某机构构建的高血压知识图谱（部分）

3.1.2　专家系统

专家系统是人工智能研究中非常重要的一个研究领域，其研究成果推动着人工智能的发展。

1. 专家系统的定义与发展

专家系统是一种模拟人类专家知识和推理能力的计算机程序，它采用知识表示和知识推理技术来模拟通常由领域专家才能解决的复杂问题，在领域常规问题上可达到与领域专家同等解决问题能力的水平，因此能辅助人类专家工作。

自第一代专家系统诞生后，它便不断发展和完善，出现了第二代、第三代甚至第四代专家系统。第一代专家系统以高度专业化、求解专门问题的能力强为特点，但在体系结构的完整性、可移植性，系统的透明性和灵活性等方面存在缺陷，求解通用问题的能力弱；第二代专家系统属于单学科专业型、应用型系统，其体系结构较完整，可移植性方面也有所改善，而且在系统的人机接口、解释机制，知识获取技术、不确定推理技术，知识表示和推理方法的启发性、通用性等方面都有所改进；第三代专家系统属于多学科综合型系统，采用多种人工智能语言，综合采用各种知识表示方法和多种推理机制及控制策略；在总结前三代专家系统的设计方法和实现技术的基础上，人们已开始采用大型多专家协作系统、多种知识表示、综合知识库、自组织解题机制、多学科协同解题与并行推理、专家系统工具与环境、人工神经网络知识获取及学习机制等最新人工智能技术来实现具有多知识库、多主体的第四代专家系统。

2. 专家系统的结构

专家系统通常由人机界面、知识获取程序、知识库、推理机、综合数据库、解释器等模块构成，如图3-4所示。其应用流程通常为用户通过人机界面输入问题，知识获取程序从知识库中提取相关知识，推理机基于这些知识和用户输入的问题进行逻辑推理，得出中间结果和最终答案并存储在综合数据库中，最后通过解释器向用户解释推理过程和结果，整个过程循环迭代，直至得出满意的解决方案或用户终止交互。

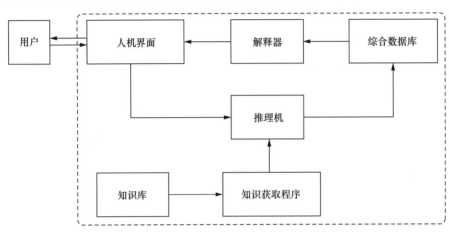

图3-4 专家系统的组成

（1）人机界面

人机界面是用户与专家系统进行交互的桥梁，它主要由显示设备、输入设备等部件组成。

人机界面不仅是用户与专家系统进行信息交流的桥梁，还是用户了解系统行为、结果和推理过程的重要途径。其主要作用如下。

① 问题输入与查询。用户通过人机界面输入问题或查询，专家系统则根据输入的信息进行推理和计算，最终给出答案或建议。

② 结果展示与解释。专家系统通过人机界面向用户展示推理结果，并提供详细的解释和说明，以帮助用户理解结果背后的逻辑和依据。

③ 用户交互与反馈。人机界面允许用户与系统进行交互，如修改输入信息、选择推理路径等。同时，专家系统通过人机界面向用户反馈操作结果和状态信息，以便用户及时调整和优化输入。

（2）知识获取程序

知识获取程序的主要作用是从领域专家或其他可靠来源中抽取、整理、转换和存储知识，其大致步骤为：首先分析知识需求，明确专家系统需要解决的具体问题和领域范围，以及确定所需知识的类型、范围和深度；接着识别与选择知识源，识别潜在的知识源，如领域专家、文献、数据库等，并根据需求分析结果选择最可靠、最相关且易于获取的知识源；然后抽取与整理知识，即从选定的知识源中抽取知识，并对抽取的知识进行整理、分类和归纳，以确保其准确性、一致性和完整性；之后进行知识表示与转换，即将抽取和整理后的知识转换为专家系统可以理解和利用的形式；最后将转换后的知识存储到专家系统的知识库中，并建立有效的知识管理机制，以便知识更新、维护和保护。

（3）知识库

知识库是存储和组织专家系统所需知识的核心组件，它包含领域专家的知识和规则，用于解决特定领域的问题，能够提供准确、全面且结构化的知识支持，以供专家系统推理和决策。

知识库中的知识可以采用多种方式表示，以适应不同的问题以及不同领域的需求。常见的知识表示方式如下。

① 规则。规则是专家系统中常用的知识表示方式。它描述了问题和解决方法之间的关系，通常以"如果……那么"的形式表示。例如，在医疗诊断专家系统中，可能有一条规则是"如果患者的体温高于38.5摄氏度且伴有咳嗽和喉咙痛的症状，那么可能是流感"。

② 事实。事实是关于领域或问题的具体信息，如数据、定义、定理等。例如，在气象预测专家系统中，可能有一个事实是"北京今天的气温是25摄氏度"。

③ 概念。概念是对领域中的实体、属性或关系的抽象描述。例如，在故障诊断专家系统中，可能有一个概念是"电机过热"，它描述了电机在运行过程中温度异常升高的现象。

④ 关系。关系描述了领域中的实体之间的关联或联系。例如，在社交网络分析专家系统中，可能有一个关系是"朋友关系"，它表示两个用户之间存在社交联系。

（4）推理机

推理机是专家系统的"大脑"，它执行推理过程，根据已知的事实和规则推导出解决问题的方法。推理机链接知识库中的规则和数据库中的事实，通过逻辑推理、模式匹配等方法，找到符合问题要求的解决方案。

推理机主要由推理引擎和控制策略两个部分组成。推理引擎负责执行具体的推理操作，如逻辑推理、模式匹配等；而控制策略则指导推理引擎高效地利用知识库中的知识和规则进行推理。

推理机可以采用多种推理方法，常见的推理方法如下。

① 正向推理（前向推理）。该方法从已知的事实出发，根据知识库中的规则逐步推导出结论。这种方法可以从多个可能的前提开始，逐步推导出正确的结果。

② 反向推理（逆向推理）。该方法先假设一个结论，然后验证这个结论是否满足知识库中的规则。如果满足，则证明假设成立；如果不满足，则需调整假设并重新验证。

③ 双向推理。该方法结合正向推理和反向推理的优点，同时进行正向和反向推理，以期在某一时刻使正、反向推理过程达到某种一致状态而获得问题的解。这种方法可以提高推理效率，但实现起来相对复杂。

（5）综合数据库

综合数据库也称动态数据库或"黑板"，是专家系统在执行推理过程中用于存放所需要和产生的各种信息的工作存储器。它存储了问题的初始状态描述、中间结果、求解过程的记录以及用户对专家系统提问的回答等信息。综合数据库的内容在专家系统运行过程中是不断变化的，因此它是一个动态的存储区。

① 问题的初始状态描述：用户输入的问题及其相关背景信息。

② 中间结果：推理过程中产生的中间结论和状态信息。

③ 求解过程的记录：推理过程中执行的操作和步骤的记录。

④ 用户对专家系统提问的回答：用户与专家系统交互过程中提供的额外信息或回答。

综合数据库不仅存储这些信息，还负责在推理过程中更新和维护这些信息。随着推理的进行，综合数据库中的内容不断变化，以反映当前推理状态和结果。

（6）解释器

解释器在专家系统中负责解释推理过程和结果，它的主要功能是向用户清晰地阐述专家系统是如何根据输入的问题和知识库中的知识进行推理，并最终得出结论的。通过解释器，用户可以更好地理解专家系统的决策过程，提高专家系统的透明度和可信度。

具体应用时，解释器首先将从综合数据库中接收推理机输出的推理结果，对推理过程进行分析，提取出关键的推理步骤和依据的知识规则。基于分析的结果，解释器生成易于理解的解释文本，将生成的解释文本通过人机界面展示给用户，向用户阐述专家系统是如何根据输入的问题和已有的知识进行推理的，帮助用户理解专家系统的决策过程。

3. 专家系统的分类

专家系统可以按照不同的分类标准进行划分。这些分类并不是互相排斥的，一个专家系统可能同时属于多个分类。

（1）按知识表示技术分类

按知识表示技术的不同，专家系统可分为以下 4 类。

① 基于逻辑的专家系统。这种专家系统利用逻辑公式来表示知识和进行推理，在形式化表示和推理方面具有优势，适用于需要精确推理的领域。

② 基于规则的专家系统。这种专家系统通过一系列"如果……那么"规则来表示知识和进行推理，简单直观，易于理解和实现，广泛应用于各种领域。

③ 基于语义网络的专家系统。这种专家系统利用节点和边构成的语义网络来表示知识和进行推理，能够表示复杂的语义关系，适用于需要处理大量语义信息的领域。

④ 基于框架的专家系统。这种专家系统利用框架结构来表示知识和进行推理。框架是一种层次化的数据结构，能够表示对象的属性和关系，适用于需要表示复杂对象的领域。

（2）按体系结构分类

按体系结构的不同，专家系统可分为以下 3 类。

① 集中式专家系统。其知识和控制机制都集中在一个系统或模块中，系统结构简单，易于实现和维护。

② 分布式专家系统。其由多个物理上独立的专家系统节点通过网络连接而成，共同协作以解决复杂问题。

③ 神经网络专家系统。其利用神经网络模拟人类专家思维过程，进行知识表示、推理和决策。

（3）按应用领域分类

按应用领域的不同，专家系统可分为多个类别。

① 医疗诊断和咨询专家系统。该系统用于辅助医生进行疾病诊断和制定治疗方案，提供医疗咨询和建议。

② 气象预报专家系统。该系统利用气象数据和模型进行天气预报和气候分析，提供气象预警。

③ 工业专家系统。该系统用于工业过程控制、故障诊断、生产优化等方面，有利于提高工业生产的效率和安全性，如图 3-5 所示。

④ 农业专家系统。该系统提供农作物种植、病虫害防治、农业资源管理等方面的咨询和建议，促进农业生产的可持续发展。

⑤ 法律专家系统。该系统用于法律案例分析、法律咨询和法律文书生成等方面，提供法律支持和辅助决策。

⑥ 教育专家系统。该系统根据学生的学习情况和需求，提供个性化的教学计划和辅导建议，提高教学效果和学习成绩。

⑦ 其他领域专家系统。如地质勘探、军事指挥、化学分析、经济预测等领域的专家系统，分别用于各自领域的专业问题求解和决策支持。

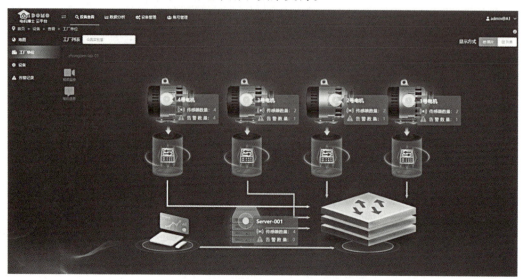

图3-5   用于生产控制的工业专家系统

3.1.3　自然语言处理

自然语言处理是人工智能的重要研究领域，它融合了语言学、计算机科学、机器学习、数学、认知心理学等多个学科的知识，旨在使机器理解、解释并生成人类语言，实现人机之间的有效沟通，使机器能够执行语言翻译、情感分析、文本摘要等任务。

1. 自然语言处理的定义及特点

自然语言是指人类在日常生活中使用的语言，自然语言处理则是指利用计算机技术对自然语言进行自动处理，包括对自然语言进行理解、分析、生成和评估等。

自然语言处理具有复杂性、动态性、交互性、依赖性、多模态性和智能性等特点。

（1）复杂性。自然语言本身具有高度的复杂性，包括语法的复杂性、语义的复杂性、语境的复杂性等。语言的表达方式和习惯在不同地区、不同文化背景下存在显著差异，这增加了自然语言处理的难度，提高了自然语言处理的复杂性。

（2）动态性。自然语言是不断发展的，新的词汇、短语和表达方式不断涌现，自然语言处理系统需要不断更新和适应语言的变化，以保持其准确性和有效性。

（3）交互性。自然语言处理通常应用于人机交互，需要能够理解和生成人类的语言。这要求自然语言处理系统具备高度的交互性，能够迅速响应用户的请求并提供反馈。

（4）依赖性。不同的领域和应用场景对自然语言处理系统的要求不同。例如，在医疗领域，自然语言处理系统需要能够准确理解和处理医学术语；在金融领域则需要能够处理和分析财务报表及交易数据。这使得自然语言处理在不同领域应用时需要依赖相关领域的特有信息才能提高对语言的理解能力，具有一定的依赖性。

（5）多模态性。随着技术的发展，自然语言处理系统不再局限于纯文本处理，而开始涉及图像、音频、视频等多种模态的信息，这要求自然语言处理系统能够整合多种模态的信息，实现跨模态的理解和生成。

（6）智能性。自然语言处理的目标是实现智能的人机交互，使机器能够像人类一样理解和处理自然语言，这要求自然语言处理系统具备高度的智能性，包括推理、学习、记忆和自适应等能力。

2．自然语言处理的基本步骤

自然语言处理的步骤较为复杂，这里可以将其简单归纳为三大环节，即文本预处理、特征提取，以及模型训练与评估。

（1）文本预处理

文本预处理是自然语言处理的首要环节，也是后续分析和处理的基础。这个环节中的一些关键步骤如下。

① 分词。分词是指将文本切分成独立的词语或单独标记。对于英语等语言来说，分词相对简单，只需根据空格和标点符号切分。对于中文等没有明显词边界的语言来说，分词则复杂得多，需要借助 Jieba 分词、THULAC 等分词工具来实现。分词的方法主要有两种，一种是基于规则的分词，即利用预定义的词典和规则分词，这种方法简单直观，但对新词和模糊词的处理效果较差；另一种是基于统计的分词，即使用统计模型从大规模语料（即语言材料）中学习分词规律，这种方法能够更好地处理新词和歧义词。

② 去除停用词。停用词是指在文本中频繁出现但对主题贡献较小的词，如"的""了""是""在"等，不同的语言和领域有其对应的停用词列表，如常用停用词列表有中文停用词库和英文停用词库。根据这些停用词列表去除停用词，可以减少文本的噪声和冗余，突出文本的关键信息，提高自然语言处理系统的性能和效率。

③ 词干提取与词形还原。词干提取是将词语还原为其词干形式的过程，如将"running"还原为"run"，常用的算法有 Porter Stemmer、Lancaster Stemmer 等，这些算法可以通过一系列规则和步骤去掉单词的词缀；词形还原则是考虑词性和语法规则将词语还原为其基本形式，如将"better"还原为"good"，词形还原一般基于词典和语言规则来处理词语。

④ 词性标注。对分词后的单词或词语进行词性标注，即确定每个词的词性，如名词、动词、形容词等。这有助于后续的语义理解和信息抽取等任务，以便可以更准确地分析句子的结构和成分，为文本分类、情感分析等任务提供更丰富的特征信息。

⑤ 句法分析。分析句子中词语之间的结构关系，如主谓宾关系、定状补关系等，这有助于理解句子的语义和逻辑关系，从而进一步挖掘文本的深层含义。句法分析可以构建句子的语法树，为机器提供直观的结构表示，帮助其理解自然语言。

（2）特征提取

特征提取是自然语言处理中的重要步骤之一，它的目的在于从预处理后的文本中提取出有意义的特征，以便后续操作。常见的特征提取技术如下。

① 词袋模型。这种技术会将文本看作无序的词语集合，忽略词语在文本中的顺序，首先构建一个包含所有文本中唯一词语的词汇表，然后统计每个词语在文本中出现的频率，并将其转换成向量表示，向量的每个维度对应一个词语，值表示该词语在文本中的出现频率。词袋模型的优点是简单易行，能够快速将文本转换为数值形式的特征向量，可应用于文本分类、情感分析等任务。但它忽略了词序和句子结构，无法反映词语之间的语义关系。图 3-6 所示为词袋模型的简单示意图。

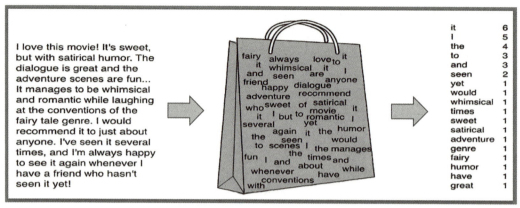

图3-6　词袋模型的简单示意图

② TF-IDF。词频 – 逆文本频率（Term Frequency - Inverse Document Frequency，TF-IDF）是一种常用于信息检索和自然语言处理的加权技术，这种技术由词频和逆文本频率两个部分组成，词频表示词语在文本中出现的次数；逆文本频率用于衡量词语在整个文本集合中的重要性，即在多少文本中出现过，出现文本数越少的词语，其逆文本频率越高。两者相乘得到 TF-IDF 值，以此来衡量词语在特定文本中的重要性。TF-IDF 技术可以弥补词袋模型的缺陷，更好地衡量一个词在特定文本中的重要性，减少常见词语对文本特征的影响。但该技术仍然没有考虑词语之间的语义关系和上下文信息。

③ Word2Vec。这种技术通过训练神经网络来学习词的分布式表示。该技术可以将每个词映射到一个固定维度的向量空间中，使得语义相似的词在向量空间中的距离相近，以此表示文本语义上的相似度。例如，通过预测目标词在句子中的上下文来训练模型，不断调整词向量的参数，直到模型能够较好地预测上下文。Word2Vec 技术能够捕捉词的语义信息，解决词袋模型和 TF-IDF 技术无法表达语义关系的问题，可用于计算词语之间的相似度、进行词义消歧等。但其计算需要大量的语料和计算资源，对于罕见词或陌生词的表示可能不够准确。

④ GloVe。这种技术是一种基于全局词共现统计的词嵌入方法，其核心思想是通过构建词共现矩阵，并设计加权最小平方损失函数来训练词向量，使得词向量的点积（指两个词向量的对应元素相乘后求和的结果）能近似反映共现频率的对数值。GloVe 结合了全局矩阵分解和局部上下文窗口方法的优势，能够仅针对共现矩阵中的非零元素进行高效训练。与 Word2Vec 不同，GloVe 利用全局统计信息而非局部窗口预测，因此能捕捉更广泛的语义关联。例如，当两个词频繁在相同上下文出现时，它们的向量在空间中的距离便会更接近，这样就能捕捉到这两个词之间紧密的关系。此外，GloVe 通过引入加权函数能够实现对低频共现数据的处理，并加入偏置项来进一步增强模型的鲁棒性。

> **AI专家**　　Word2Vec 技术和 GloVe 技术都属于词嵌入模型，这类模型是将词语映射到低维连续向量空间，捕捉词语的语义信息和上下文关系。除了这两种技术外，FastText 也是常用的词嵌入模型，同样可用于特征提取。FastText 考虑了词的子词（一个单词中能被分离出来并能独立存在的部分）特征，能够更好地处理陌生词和形态学丰富的语言。

⑤ BERT 及其变体。基于 Transformer 的双向编码器表示（Bidirectional Encoder Representation from Transformers，BERT）及其变体基于 Transformer 架构的预训练语言模型，通过在大规模无

监督文本数据上进行预训练，学习到通用的语言知识表示。它采用双向编码器，能够同时考虑单词的上下文信息，生成丰富的语义表示。例如，在预训练阶段，通过掩码语言模型和下一句预测算法等让模型学习语言的语义和语法规则。BERT及其变体技术能够生成上下文相关的词向量，对多义词的处理效果更好，在多个自然语言处理任务中具有更高的性能。但它的模型结构复杂，训练和推理成本较高，需要大量的计算资源和时间来进行预训练和微调。

（3）模型训练与评估

在完成文本预处理和特征提取之后，接下来就是将这些特征输入机器学习或深度学习模型中进行训练与评估，使模型能够学习到数据中的模式，从而在新数据上做出准确的预测。模型训练与评估的主要步骤如下。

① 数据集划分。为了评估模型的性能，需要将数据集划分为训练集、验证集和测试集，训练集是模型的学习来源，验证集用于调整模型参数，测试集用于评估模型性能。数据集的划分比例可根据实际情况调整。

② 算法选择。根据具体的任务和数据特点，选择合适的算法进行训练。例如，小规模数据或特征较简单的数据可选择使用朴素贝叶斯、支持向量机等传统机器学习算法来训练模型；大规模数据或结构复杂的数据可选择使用循环神经网络、卷积神经网络等深度学习算法来训练模型。

③ 模型训练。模型训练是通过迭代优化，使模型参数逐步收敛到最佳状态的过程。其中无论是定义损失函数，还是选择优化算法，最终目的都是通过不断迭代，更新模型参数，直到损失函数收敛或达到预设的训练轮数。

④ 模型评估。训练完成后，需要评估模型，以验证其在新数据上的表现。常见的评估指标有准确率、精确率、召回率、F1值（精确率和召回率的调和平均数，综合考虑了模型的精确性和完整性）和ROC曲线（用于评估模型的分类能力，曲线下面积越大，模型性能越好）等。

⑤ 模型调参与优化。在模型评估过程中，可能需要调整模型参数和优化操作，以提升模型的性能。常见的方法包括网格搜索、随机搜索、贝叶斯优化等。

> **AI专家**　网格搜索可以对所有可能的参数组合进行穷举搜索，找到最佳参数组合；随机搜索可以在参数空间中随机采样，进行参数搜索，通常比网格搜索更高效；贝叶斯优化可以利用贝叶斯理论，选择最有可能提升模型性能的参数进行搜索。

⑥ 模型正则化。此步骤是采用正则化技术来防止模型出现过拟合。常用的正则化技术有L1正则化、L2正则化和Dropout等。其中，L1正则化技术可以通过引入L1范数（即参数的绝对值之和）来约束模型参数，促使部分参数为零，从而实现特征选择；L2正则化技术可以通过引入L2范数（即参数的平方和）来约束模型参数，使参数值更小；Dropout技术可以在每次训练中随机丢弃一定比例的神经元，防止神经网络过拟合。

⑦ 模型集成。模型集成是通过结合多个模型的预测结果，提高整体预测性能的技术。如采用随机森林模型，通过训练多个决策树并对它们的预测结果进行投票或平均。或采用梯度提升决策树，通过逐步训练多个弱模型，使每个模型在前一个模型的基础上进行改进等。

· AI 思考屋 · ∘∘∘∘∘∘∘∘∘∘∘∘∘∘∘∘∘∘∘∘∘∘∘∘∘∘∘∘∘∘∘∘∘∘∘∘∘∘

回想人工智能工作流程相关的内容，思考其与自然语言处理的步骤有何相同之处和不同之处。

3. 自然语言处理的应用

自然语言处理在越来越多的领域展现出应用价值，这里主要介绍它在机器翻译、情感分析、信息检索、自动摘要和问答系统等5个领域的应用情况。

（1）机器翻译

机器翻译的出现是一项革命性的突破，它使机器能够将一种语言自动、准确地翻译成另一种语言，这不仅打破了语言的壁垒，还促进了全球文化的交流与融合。机器翻译基于自然语言处理技术分析语句并理解语境，捕捉语句间的细微差异，从而提升翻译的准确性。机器翻译广泛应用于跨国商务、旅游咨询等场景，有效促进了全球信息的流通。

（2）情感分析

情感分析作为一种强大的数据分析工具，在市场调研、品牌监控以及用户调研和分析中都有应用。它利用自然语言处理技术进行分词、词性标注和识别语义角色等操作，解析文本中的情感倾向。例如，企业利用该技术分析用户发布在社交媒体平台中的评论，量化用户对产品的情感倾向，以优化市场策略。

（3）信息检索

信息检索是用户根据需要，借助检索工具，查询和获取信息的方法和手段。自然语言处理通过语义理解、词性标注等方式，帮助信息检索系统更精准地解析用户的查询意图，提高信息匹配的有效性，精准返回用户查询结果，实现对信息的精准检索，极大地提升用户的信息获取效率。

（4）自动摘要

自动摘要是一项高效的信息处理技术，它能够自动从冗长的文本数据中提取出核心要点，生成简洁明了的摘要内容，如图3-7所示。自动摘要是自然语言处理技术的一个具体应用，可以为新闻编辑快速生成新闻摘要、自动为学术论文/自媒体文章生成摘要或提取法律文档中的关键条款等，提高工作效率，方便读者或学者阅读。

图3-7 自媒体文章中的自动摘要

（5）问答系统

问答系统是一种智能化的信息交互工具，它通过分析用户的问题，能够自动、准确地回答用户的各种疑问，常用于智能客服、医疗诊断辅助等。自然语言处理技术是支撑问答系统运转的技术基石，基于自然语言处理技术提供的语义理解、语义生成、语义匹配、依存句法分析等功能，问答系统可以解析用户提出的问题并匹配知识库答案，再综合利用上下文捕捉和多义词消歧等技术，实现高效的人机交互。这不仅能有效提升用户的信息获取效率，还增强了人机交互的便捷性和友好性。

3.1.4　计算机视觉

计算机视觉是一门致力于让计算机能够理解和解释图像或视频的技术科学，它赋予人工智能"看"的能力。计算机视觉的出现和发展不仅推动了人工智能技术的创新与发展，还拓展了人工智能的应用领域。

1．计算机视觉的定义

计算机视觉是使用计算机及相关设备对生物视觉进行模拟的一种技术，该技术能够通过处理采集的图片或视频来实现对相应场景的多维理解。计算机视觉也是人工智能的一个重要研究领域，它涉及计算机科学、信号分析与处理、几何光学、应用数学、统计学、神经生理学等多个学科。

按处理方式的不同，计算机视觉有二维计算机视觉和三维计算机视觉之分。

（1）二维计算机视觉

二维计算机视觉专注于从二维图像中提取信息，如边缘检测、形状分析、纹理识别等，这种技术适用于静态图像或视频帧的处理。

（2）三维计算机视觉

三维计算机视觉用于处理三维空间中的数据，涉及立体视觉、深度感知、三维重建等，这种技术在机器人导航、自动驾驶等领域有所应用。

计算机视觉是一个复杂而有趣的研究领域，其迷人之处在于通过模拟生物的视觉功能，使计算机"看到"并理解图像和视频数据。例如，当利用智能手机上的宠物识别应用来识别宠物猫是什么品种时，我们可以用手机拍摄猫咪的照片，或直接从相册中选择一张猫咪的照片，此后宠物识别应用将先对照片进行预处理，如调整照片的大小、清晰度，以及去除噪声等，以确保后续分析的准确性。接着，应用会使用深度学习算法（如卷积神经网络）训练的模型来提取照片中的特征，这些特征可能包括猫咪的毛色、眼睛形状、耳朵大小等。提取的特征会被送入一个已经训练好的宠物识别模型中，这个模型会将这些特征和它之前学习过的各种宠物特征进行对比，找到最匹配的那一类。最后，应用便会返回结果，如"这是一只英短蓝猫"。以上整个过程便是计算机视觉的大致应用过程。

2．计算机视觉的基本任务

计算机视觉中计算机通常需要执行图像分类、目标定位、目标检测和图像分割这四大基本任务，它们是构建更复杂视觉系统的基础，其他任务也大多是在这四大基本任务的基础上延伸开来的。

（1）图像分类

图像分类任务解决的是"是什么"的问题，即判断给定的一张图片或一段视频中包含哪些类别的目标，然后通过提取和分析图像的特征，将图像分配到特定的类别。其大致实施过程为：对图像进行缩放、归一化等预处理操作，以确保图像数据在后续处理中的一致性和有效性；接着使用机器学习或深度学习算法来自动从图像中提取特征，利用从图像中提取的特征训练模型，让模型学习如何根据特征将图像正确分类；最后将训练好的模型应用于新的图像数据并对其进行类别预测，以验证模型的准确率并评估模型的泛化能力。

例如，我们有一个图像分类机器人，它的任务是识别各种可爱的宠物照片并将其分类，包括猫、狗和兔子等宠物的照片。首先，这个机器人需要对接收到的每一张宠物照片进行"打扮"，也就是进行预处理操作。它会确保每张照片的大小都相同，比如都缩小到100像素×100像素，并调整不同照片的亮度，尽量让它们的亮度看起来差不多，这就是缩放和归一化的过程。接着，机器人会使用它的"超能力"——机器学习或深度学习算法来仔细观察每张照片，并自动从中找出一些关键的特征来区分不同的动物。这些特征就像是照片上的"标签"，如猫通常都有尖尖的耳朵和细长的胡须，而狗则可能有长长的鼻子，如图3-8所示。有了这些特征之后，机器人就会开始"学习"，就像我们学习如何根据特征来识别动物一样。最后，当机器人遇到一张新的宠物照片时，它会仔细观察照片上的特征，然后告诉我们这是哪一种宠物。我们还可以让机器人多观察几张照片，然后看看它猜对的次数，这样就可以评估它的准确率。如果机器人不仅能准确识别出我们给它看过的宠物，还能识别出它之前从未见过的照片上的宠物，那就说明它有很好的泛化能力。

图3-8　猫的长胡须和狗的长鼻子

（2）目标定位

目标定位任务是通过预测目标的边界框来标定出对象的具体位置，例如，在一张照片中识别出行人、车辆和其他物体，并给出它们在图像中的具体位置。目标定位需要通过在图像上绘制边界框来实现，边界框标识对象在图像中的位置和大小。该任务的大致实施过程为：首先对图像进行预处理，接着利用深度学习算法相关模型自动提取图像特征；然后训练模型，让模型学习如何根据这些特征在图像中绘制边界框以精准标注目标位置，同时对图像分类；最后应用训练好的模型对新图像进行目标定位和类别预测，实现目标在图像中的精确识别与定位，此时，边界框直观地展示了目标所在区域。

假设我们正在参加一个有趣的"找宝藏"游戏，游戏中的宝藏其实就是隐藏在照片中的各种对象，如行人、小猫或汽车等，而我们的任务就是准确找出这些对象的位置。在这个游戏中，我们需要借助目标定位的思路，先预处理照片，然后利用深度学习算法相关模型扫描照片，找出照片中的各种特征，比如不同对象的颜色、形状、大小等。接着利用找到的特征来训练模型，以便其学会在照片上根据对象定位出正确的边界框，如图3-9所示。训练完成后，当我们拿到一张新的照片时，就可以使用这个训练好的模型快速找出照片中的所有对象，并用边界框将它们一一定位出来。

图3-9 定位到的车辆

（3）目标检测

目标检测任务综合了图像分类和目标定位两个任务中的内容，既要识别图像中的对象，又要确定它们的位置，且一般需要检测多个对象，并分别标注每个对象的位置及类别。该任务的大致实施过程为：首先需要对图像进行预处理和特征提取；接着使用算法生成可能包含目标的候选区域，对于每个候选区域，需要使用分类器来确定它是否包含特定类型的对象，同时对于以分类为目标的候选区域，还要使用回归器来确定其边界框的精确位置和大小；最后，通过算法去除重叠的候选区域和过小的目标，以减少冗余的检测结果，并进一步优化和调整检测结果，以提高检测的准确性和鲁棒性。

假设有一片果园，为针对偷吃水果的不同动物设置相应的驱赶措施，就可以使用目标检测这种技术来实现。借助智能摄像头对果园的实时监控，目标检测系统可以在图像或视频中根据不同动物的特征识别动物的类型和位置，并在画面上准确地把动物的位置给标定出来。这样，根据不同动物的行走路线或其他行为，果农就能采取相应的措施保护果园，如在特定位置设置栅栏或红外线报警装置等，以驱赶动物。

（4）图像分割

图像分割任务可以简单理解为目标检测任务的进一步细化操作。此任务中不仅需要识别并定位图像中的对象，还要通过语义分割和实例分割对每个对象实现像素级分割操作。其中，语义分割是指将图像中的每个像素分配给特定的类别，实例分割则是对每个独立的对象进行像素级分割。例如，在一张图片中，语义分割可以区分出天空、树木、建筑物等不同类别，而实例分割则会区分每只猫或每只狗的具体位置和轮廓。该任务的大致实施过程为：首先，将待分割的图像作为输入数据，并使用深度学习算法相关模型提取图像中的特征信息；基于提取的特征，模型对每个像素进行分类，确定其属于哪个类别（语义分割）以及属于哪个具体实例（实例分割）；然后根据像素分类结果，生成分割图，在语义分割中分割图显示不同类别的区域，在实例分割中分割图进一步区分同一类别内的不同个体；最后，模型输出精细分割后的图像，其中每个对象都被准确地分割并标识出来。

例如，在一张复杂的厨房场景照片中，需要精确识别出各种食材、烹饪器具和餐具时，就可以利用图像分割的语义分割模型遍览照片的每一个像素，并根据其特征将它们分为不同的语义类别。如所有红色的像素被归类为"西瓜"，绿色的像素代表"西兰花"，而银白色的像素代表"道具"或"碗盘"等。语义分割完成后，将得到一张色彩丰富的分割图，其中不同的颜色代表不同的食材或器具类别。在语义分割的基础上，实例分割将进一步区分同一类别内的不同个体。例如，虽然所有的西兰花都被归类为同一类别，但实例分割能够识别并分割出照片中的每一个西兰花个体。同样，对于碗盘等形状相似但颜色或大小不同的对象，实例分割也能准确地将它们区分开来。实例分割完成后，会得到一张更加精细的分割图，其中的每个对象都可以被单独标识，且它们的轮廓都被精确地勾勒出来。

3．计算机视觉的应用

计算机视觉作为人工智能的一个重要研究领域，已经渗透到人们生活的方方面面，其应用也比较广泛，以下是计算机视觉的一些常见应用。

（1）自动驾驶。计算机视觉在自动驾驶中扮演着很重要的角色，它能识别道路、车辆、行人、红绿灯、路标等信息，确保汽车安全行驶。

（2）人脸识别。借助计算机视觉，人脸识别技术可以实现对面部特征的提取和比对，用于身份验证和安全监控，其准确率已经高于人眼识别的准确率。

（3）医学影像分析。计算机视觉技术可以自动分析和诊断医学影像，如X光片、CT扫描、核磁共振、B超等，从而辅助医生进行诊断，提高诊断的效率和准确率。

（4）安防监控。安防摄像头结合计算机视觉算法技术，可用于实时监控、事件检测和警报系统，提高安防场景的安全性。

（5）无人机应用。无人机利用计算机视觉技术可以进行目标检测、跟踪、自主导航和精确制导等任务，在电力巡检、农作物分析等场景中发挥着重要作用。

（6）增强现实（Augmented Reality，AR）和虚拟现实（Virtual Reality，VR）。计算机视觉在增强现实和虚拟现实中用于实现物体追踪和交互，能够提供更为沉浸的用户体验。

（7）智能拍照与图像处理。智能手机中的自动曝光、自动白平衡、自动对焦等功能都离不开计算机视觉技术的支持。此外，图像去噪、自动美颜、自动滤镜等各种实用功能也使用了计算机视觉技术。

💬 **AI 拓展走廊**

增强现实是将虚拟信息叠加在真实世界中，如使用手机导航时，屏幕上会显示实时的路线指示和周围的地标建筑；虚拟现实则是让用户完全沉浸在一个虚拟的环境中，如用户戴上VR眼镜便可进入一个虚拟的游戏世界，在这个世界里，用户看到的、听到的都是由计算机生成的虚拟信息。

3.1.5　智能语音

智能语音不仅是一门技术，也是人工智能的主要研究领域，它的发展有力地推动了人工智能在算法、数据、算力方面的进步，深刻改变了人机交互的模式。

1．智能语音的定义

在技术层面，智能语音一般是指利用机器学习、深度学习等算法，对人类的语音信号进行识别、理解和处理，并将处理结果以语音形式反馈给用户的技术。以人机语音交互为例，常见的智能语音处理流程为：机器接收到用户语音后，通过语音识别技术将语音自动转换为文本，并且可保留原有语音中有关语速、音量、停顿等特征信息。接着通过自然语言理解技术理解和分析识别出的文本，并通过自然语言生成技术智能决策后续动作，同时将决策后的动作生成为回复给用户的文本。最后，机器通过语音合成技术将回复给用户的文本转换为语音播放，至此便完成一次简单的人机语音交互。

2．智能语音的关键技术

智能语音的实现需要许多技术的支撑，其中较为关键的技术主要包括以下6种。

（1）语音识别。语音识别技术能将人类语音信号转换为文本，这是智能语音交互的基础，其核心在于准确地将语音信号中的词汇、短语或句子识别并转换为对应的文本。现代语音识别技术通常利用深度学习算法，如长短时记忆网络（Long Short-Term Memory，LSTM）、卷积神经网络等来提高识别的准确性。

> **AI 专家** 　　长短时记忆网络是一种特殊类型的循环神经网络，它通过引入遗忘门、输入门和输出门，解决传统循环神经网络在处理长序列数据时遇到的梯度消失和梯度爆炸问题，它能够学习数据中的长期依赖关系。

（2）自然语言理解。自然语言理解是通过词义消歧、句法分析、语义角色标注等，对转换后的文本进行语义分析，以理解用户的意图和需求。通过自然语言理解，机器可以捕捉用户的真实意图，并据此做出相应的回应或执行相应的操作。

（3）自然语言生成。自然语言生成借助语言模型、序列生成、语义理解等核心技术，并根据用户的意图和需求，以及机器的内部状态或外部知识库，生成既准确流畅，又符合用户期待的回复内容。

（4）语音合成。语音合成技术能将文本转换为语音信号。它利用语音合成算法和模型，将文本内容转化为逼真的语音输出。现代语音合成技术已经能够实现非常自然和流畅的语音输出，甚至能够模拟不同性别、年龄和方言的语音特征。

（5）噪声抑制与回声消除。在智能语音交互中，噪声和回声是影响识别效果的重要因素。噪声抑制技术用于降低或消除背景噪声对语音信号的影响，而回声消除技术则用于消除语音信号中的回声成分。这些技术有助于提高语音识别的准确性，也有助于优化用户的交互体验。

（6）声纹识别。声纹识别技术通过分析语音信号中的特征信息来识别说话人的身份，可用于身份验证和安全监控等。声纹具有唯一性、稳定性和不易伪造等优点，因此在智能语音领域中得到广泛应用。

3．智能语音的应用

智能语音作为连接人类语言和智能应用的重要技术，以其卓越的语音识别、自然语言理解、自然语言生成和语音合成能力，极大地提升了人机交互的便捷性与自然度，已广泛应用于车载语音、智能家居、智慧医疗、智慧教育、智能安防等领域，助力信息高效处理和个性化服务普及，全面提升用户智能化体验。

（1）车载语音。智能语音在车载系统中的应用（见图3-10），主要体现在提升驾驶安全性和便捷性方面。通过语音识别和自然语言理解技术，用户可以通过语音指令完成设置导航、播放音乐、拨打电话等任务，无须分心操作车载屏幕或按钮。例如，用户可以说出目的地，车载系统会自动规划路线并导航，同时提供实时交通信

图3-10　智能语音在车载系统中的应用

息，帮助用户避开拥堵路段。通过语音指令，用户可以轻松地切换电台、播放特定歌曲或调整音量，享受更加个性化的驾驶体验。

（2）智能家居。智能语音技术为智能家居提供了更加便捷的控制方式。用户只需说出简单的语音命令，即可控制家中的智能设备，如智能灯泡、智能空调、智能电视等。例如，用户可以通过语音指令开关灯、调节空调温度、切换电视节目等，实现家居设备的智能化控制。

（3）智慧医疗。在医疗领域，智能语音技术的应用主要体现在辅助诊断、病历记录、患者咨询等方面。例如，医生可以通过语音输入设备快速录入病历信息，提高工作的效率和准确性。语音智能导诊系统可以帮助患者快速找到对应的就诊科室，并提供实时定位、诊室位置等信息，优化就诊流程。

（4）智慧教育。智能语音技术在教育领域的应用，主要体现在在线教育、语音指导、语音交互等方面。例如，学生可以通过语音输入与在线教育系统进行交互，提升学习体验。系统可以通过语音识别技术识别学生的问题，并提供相应的解答，帮助学生更好地掌握知识。

（5）智能安防。在智能安防系统中融入智能语音技术，可以实现更加智能化的安全防护。例如，当发生异常情况时，系统会自动发送语音警报通知用户或相关人员，提醒他们及时采取安全措施。用户可以通过语音指令控制监控摄像头的拍摄角度、焦距等参数，实现更加精准的安全监控。部分智能安防系统还支持通过语音识别技术进行身份验证，提高了安全防护级别。

● AI 思考屋 ○○○○○○○○○○○○○○○○○○○○○○○○○○○○○○○○○○○○○○○

日常使用的手机、平板计算机等电子产品中也应用了智能语音技术，如华为的智慧语音助手"小艺"。你是否使用过语音助手？请根据所学知识思考语音助手如何实现语音的识别和处理。

3.2　前沿研究领域

由于数据规模的爆炸式增长、算力的显著提升以及算法模型的持续创新与优化，加之基础研究领域取得大量突破性进展，人工智能的发展步伐逐渐加快。这不仅拓展了人工智能技术的应用领域，还促进其向更深层次、更前沿的研究领域拓展，无论是大语言模型（Large Language Model，LLM）、多模态融合，或是智能机器人、元宇宙、数字人，还是人工智能驱动科学，都是人工智能在前沿研究领域的涉足。

3.2.1　大语言模型与多模态融合

大语言模型是单模态处理的基石，而多模态融合则通过整合视觉、听觉等其他模态，扩展了大语言模型的能力边界。两者的结合推动人工智能向更通用、更接近人类认知的方向发展，成为当前研究的热点。

1. 大语言模型

大语言模型是指使用大量文本数据训练的深度学习算法的相关模型，这些模型可以生成自然语言文本或理解语言文本的含义。它们通过大规模的无监督训练学习自然语言的模式和结构，在一定程度上模拟人类的语言认知和生成过程。

大语言模型的核心原理是基于神经网络结构，特别是Transformer架构。这种架构允许大语言模型在处理一个单词时考虑整个文本序列中的其他单词，从而更好地理解上下文含义。

大语言模型的基本原理可以形象地比喻为一个小孩子学习语言的过程。首先，这个大语言模型会"阅读"大量的书籍、文章、网页等文本资料，就像小孩子在生活中不断听到大人说话、阅读故事书一样。在阅读过程中，大语言模型会记住这些文本中的词汇、句子结构和用法。这个过程就像小孩子模仿大人说话，学习如何表达。在一边学习一边积累的过程中，大语言模型会分析这些文本中的词汇和句子出现的规律，比如哪些词汇经常一起出现，哪些句子结构比较常见。这就像小孩子通过观察，发现某些词语经常搭配在一起使用。当大语言模型接收到一个句子开头时，它会根据之前的统计分析结果，预测接下来最可能出现的词汇或句子。这个过程就像小孩子在说话时，根据上文猜测接下来应该说什么。随着大语言模型被不断使用，它会根据用户的反馈和需求，调整自己的预测能力，使其更加准确和符合实际。这就像小孩子在成长过程中，通过大人的指导和自己的实践，不断改进语言表达能力。

总的来说，大语言模型的基本原理就是通过大量阅读文本，学习语言规律，然后根据这些规律来预测和生成新的文本内容。这个过程是自动的，并且会随着数据的积累和技术的进步，变得越来越智能。

2025年，席卷全球的DeepSeek就是一种大语言模型，它通过深度学习大量文本数据，能够理解复杂的人类语言。这个大语言模型不仅能够捕捉到词汇的表面意义，还能理解语境、情感，甚至隐含的意图。当用户向DeepSeek提出问题时，大语言模型会迅速分析问题中的关键词和句子结构，并结合其学习到的语言知识，预测出用户可能想要了解的信息类型和内容。然后，DeepSeek会从海量的数据中筛选出最相关、最有价值的答案，并以自然语言的形式呈现给用户。这种方式极大地提高了搜索效率和准确性，让用户在获取信息时更加省心省力。

2. 多模态融合

多模态融合是指将来自不同模态的数据，如图像、文本、语音等数据进行整合、联合分析和处理，以便全面理解、推理和应用这些数据的方法。实现多模态融合的关键步骤如下。

（1）数据预处理

数据预处理是多模态融合过程中的基础，也是至关重要的一环。不同模态的数据往往具有不同的格式、分辨率、采样率以及噪声特性，直接进行融合可能会导致数据混淆或处理效率低下。因此，数据预处理的首要任务便是对这些原始数据进行清洗与整理，去除冗余、错误的数据。此外，为确保后续处理的一致性和可比性，还需对数据进行归一化处理，如调整数据的尺度，使之处于相同的数值范围内。这一过程不仅提升了数据的质量，也方便后续的特征提取。

（2）特征提取

这一阶段的目标是识别并提取出能够代表数据本质信息的特征向量，这些特征应具有较高的区分度，能够准确反映数据间的内在联系与差异。对于图像数据，可能涉及边缘检测、纹理分析等技术；对于文本数据，则可能运用词频统计等文本挖掘方法；而对于语音或传感器数据，则需利用信号处理与模式识别技术来提取特征。精心设计的特征提取策略，可以极大地提高后续融合与决策的准确性。

（3）融合策略选择

融合策略作为多模态融合的核心，其选择直接决定了数据的整合方式与效率。常见的融合策略包括早期融合、晚期融合和混合融合。其中，早期融合策略强调在特征提取阶段就将不同模态的数据进行融合，通过构建统一的特征空间来捕捉跨模态的关联性；晚期融合策略则注重在决策阶段整合各模态的数据，利用各自的预测结果进行综合判断；混合融合策略结合了前两种策略的优点，既在特征提取阶段进行初步整合，又在决策阶段进行最终判断，以达到最佳的融合效果。不同的融合策略适用于不同的应用场景和需求，选择时需综合考虑数据的特性、任务的复杂性以及计算资源的限制。

（4）决策制定

基于融合后的多模态数据，决策制定成为实现最终目标的关键。这一阶段不仅要求能够准确理解并整合来自不同模态的数据，还需要根据具体的应用场景和需求，制定出合理的决策规则或预测模型。在决策过程中，需要充分考虑各模态数据的可靠性、重要性以及相互之间的互补性，通过加权平均、投票等多种方法，实现对融合数据的有效利用，从而得出最优的决策或预测结果。这一过程不仅体现了多模态融合的综合分析能力，也为其实际应用提供了有力的支持。

3.2.2　智能机器人与具身智能机器人

在人工智能研究领域中，智能机器人和具身智能机器人是两个密切相关但又有所差异的领域。智能机器人更关注"如何让机器完成任务"，而具身智能机器人则侧重"如何通过身体与环境交互产生智能"。

1. 智能机器人

广义上看，机器人是指能通过编程或遥控自动执行物理任务的机械设备，其核心是程序化动作。无论是工厂流水线上重复固定动作的机械臂，还是依赖人工操控的遥控玩具车，实际上都属于机器人的范畴。智能机器人则是指在传统机器人的基础上，融合了人工智能技术的机器，它一般具备环境感知、自主决策、强化学习和人机交互等能力，例如，能够自动规划路径的家庭扫地机器人便是典型的智能机器人，如图3-11所示。换句话说，智能机器人是机器人的高级形态，它通过人工智能实现从"自动化"到"智能化"的跨越，二者的关系类似于"手机"与"智能手机"的关系，后者的智能化更显著。

图3-11　家庭扫地机器人

智能机器人具有三大核心要素，分别是感知、思维和行为，这是智能机器人能够高效、准确地完成各种复杂任务的关键。

（1）感知

智能机器人的感知能力是其与外界环境互动的起点。这一要素依赖于各种先进的传感器，它们如同智能机器人的眼睛、耳朵和皮肤，能够捕捉外部环境的信息。常见的传感器有以下4类。

① 视觉传感器。智能机器人通过视觉传感器（如摄像头）捕捉图像信息，将光信号转换为电信号。这样，智能机器人就能识别物体的形状、颜色、大小等特征，从而对周围环境进行定位和导航。

② 听觉传感器。听觉传感器使智能机器人具备接收和分析声音信号的能力。通过识别不同的声音，智能机器人可以判断声源位置、辨别说话者的情绪，甚至在复杂环境中进行语音识别。

③ 触觉传感器。触觉传感器让智能机器人能够感知物体的硬度、温度等信息，使其在操作物体时更加精细和准确。

④ 其他传感器。如红外线传感器、超声波传感器等，它们能帮助智能机器人在不同环境下进行障碍物检测、距离测量等。

（2）思维

智能机器人的思维体现了其决策和推理能力。在这一过程中，智能机器人会利用强大的计算资源和智能算法处理和分析感知到的信息，进而做出合理的判断和决策。具体表现如下。

① 数据处理。智能机器人通过人工智能芯片和软件对收集到的数据进行快速处理，提取有用信息，为后续决策提供依据。

② 决策制定。基于数据处理结果，智能机器人会运用算法进行推理和判断，确定下一步的行动计划。这一过程涉及目标识别、路径规划、任务分配等多个方面。

③ 学习能力。智能机器人还具有不断学习和优化自身算法的能力，通过积累经验，提高在复杂环境中的应对能力。

（3）行为

行为是智能机器人对外界环境做出响应的最终体现。通过行为，智能机器人可以根据感知和思维的结果，执行具体的任务和操作。

① 运动控制。智能机器人通过驱动装置和控制算法，实现精确的移动和定位，完成行走、爬行、跳跃等动作，图3-12所示的机器狗便具备非常强的运动控制能力。

② 操作物体。智能机器人具备操作物体的能力，如抓取、搬运、组装等，以满足各种应用场景的需求。

图3-12　正在完成高难度动作的机器狗

③ 互动交流。智能机器人还能通过语音、表情、动作等方式与人类或其他机器人进行有效沟通，提高协同工作效率。

2. 具身智能机器人

具身智能是指智能体通过身体与环境的互动产生的智能行为，强调智能体的认知和行动与其在物理世界中的行动是紧密相连的。具身智能机器人则是基于物理实体进行感知和执行的人工智能系统，它通常以人形机器人为载体，结合人工智能技术，以适应不同环境，理解问题、获取信息、做出决策并实现行动，图3-13所示为正在装配汽车的具身智能机器人。与传统智能机器人相比，具身智能机器人具有更高的自主性、更强的适应性以及更广泛的应用场景。

具身智能机器人的核心是智能体具备与环境
交互的感知能力，以及基于感知结果进行自主规
划、决策、执行等一系列行为的能力。其主要特
点如下。

（1）"感知—行动"循环。具身智能机器人
能够通过传感器等硬件实时感知环境，基于这些
感知信息，具身智能机器人迅速分析并做出相应
的行动决策，从而不断地通过感知指导行动，再
通过行动反馈继续感知环境，形成一个连续的循
环过程。

图3-13   正在装配汽车的具身智能机器人

（2）物理交互。具身智能机器人具备实体的物理形态，能够与环境进行直接的物理
交互。

（3）情境依赖。具身智能机器人的智能行为是在特定的情境下产生的，依赖于环境、
任务以及具身智能机器人自身的状态。

（4）动态适应。具身智能机器人能够根据环境的变化和任务的需求，动态调整自身
行为和策略。

💬 AI 拓展走廊

具身智能机器人的发展得益于人工智能和机器人技术的融合。从卷积神经网络、机
器学习，到深度学习的出现，再到多模态大模型的发展，这些技术的进步为具身智能机
器人提供了技术支撑。目前，具身智能机器人仍处于发展阶段，尤其在制造业等领域，
其性能和成本效益还需进一步提升。未来，具身智能机器人有可能应用到工业生产、家
务助手、医疗护理、灾难救援等领域。

3.2.3 元宇宙与数字人

元宇宙与数字人都具有显著的"虚拟"标签，从人工智能的角度来看，它们都有助
于提升用户的交互体验，但却是截然不同的两个研究领域。

1. 元宇宙

元宇宙的概念最早出现在1992年的科幻小说《雪崩》中，随着近年来科技的快速
发展，元宇宙逐渐从概念走向现实，它是一个集合了虚拟现实、增强现实、三维（3
Dimensions，3D）图形、人工智能、云计算等技术的虚拟世界，旨在为用户提供沉浸式
的体验，使用户可以在其中进行社交、娱乐、工作等活动。

从功能上来看，元宇宙囊括人类活动的全部领域，包括经济、政治、军事、社会、
文化等领域。这些领域在元宇宙中都有对应的体现，且这些虚拟领域与现实世界中的对
应领域相互映射、相互影响，共同构成了元宇宙的丰富功能。

从结构上来看，元宇宙将现实世界和虚拟世界两个世界融合为一体。现实世界包
含人机系统、物机系统和人物系统等，元宇宙通过科技手段将这些系统虚拟化、数字
化，形成与现实世界既映射又交互的虚拟世界。在这个虚拟世界中，人是中心，计算机

是关键，通过人机交互、物机交互和人与人之间的虚拟交互，共同构建了元宇宙的复杂结构。

元宇宙的运行基于"4个生"形成的大回路，即数字孪生、数字原生、物理孪生和物理原生。4个过程在元宇宙中相互关联、相互影响，形成了元宇宙与现实世界之间实时且动态的双向映射、双向驱动和双向控制。

（1）数字孪生。物理产生数字（也就是现实产生虚拟），即将现实世界中的物体、场景或系统数字化，形成虚拟世界中的对应物。

（2）数字原生。数字产生数字（也就是虚拟产生虚拟），即在虚拟世界中通过自学习、自适应、自复制和自进化的方式产生新的虚拟物。

（3）物理孪生。数字产生物理（也就是虚拟产生现实），即将虚拟世界中的设计、模型或数据转化为现实世界中的物体或系统。

（4）物理原生。物理产生物理（也就是现实产生现实），即在现实世界中通过自学习、自适应、自复制和自进化的方式产生新的物体或系统。

例如，你在体验一个虚拟游戏时，游戏里有一座房子，这座房子的每一个细节都是根据现实世界中的建筑设计的，这个过程就像是把现实中的东西变成了虚拟世界里的对应物，也就是从现实到虚拟的过程，即数字孪生。接着，游戏中的人工智能开始发挥作用，它可以根据用户的喜好自动设计出更多不同风格的房子，这些新设计的房子只存在于虚拟世界中，没有直接对应的现实物体，这就是在虚拟世界中通过自学习产生的新虚拟物，即数字原生。现在，假设你想把游戏里设计的房子变成现实，于是你使用3D打印技术，按照游戏中的设计图纸打印出了一座真实的房子。这样，虚拟世界中的设计就变成了现实世界中的物体，完成了从虚拟到现实的转换，即物理孪生。最后，你的邻居看到你打印的房子后非常喜欢，决定也用同样的技术打印一座。但是他的房子有一些创新的地方，比如使用了新材料或加入了智能系统，这些改进是基于他对现实世界的不同理解，是现实世界中的新创造，即物理原生。这4个过程在元宇宙中形成了一个闭合的回路，使得元宇宙与现实世界之间能够交互和影响，让元宇宙和现实世界保持一种实时且动态的双向互动。

2. 数字人

数字人，也称为虚拟人、数字替身或AI数字分身，是指通过计算机技术构建的具有人类外观、语言能力和交互能力的虚拟角色，是一种基于计算机图形学，利用语音识别、自然语言处理等人工智能技术创建的二维图像或三维模型，也可以是利用全息投影技术呈现的立体形象，如图3-14所示。数字人一般可分为两类，一类是功能型数字人，这类数字人专注于特定任务，强调实用性，如客服数字人、导览数字人等；另一类是形象型数字人，这类数字人注重拟真外观与情感表达，如虚拟偶像、虚拟主播等。

图3-14　三维模型数字人

数字人的实现依赖多学科交叉技术，数字人制作流程中的核心环节主要包括建模、驱动、交互三大环节，各环节所使用的关键技术如表3-1所示。

表3-1　数字人制作流程中的核心环节与各环节所使用的关键技术

核心环节	关键技术	说明
建模	3D建模	通过3D扫描、手工建模或参数化建模生成人体模型
	高精度扫描	使用激光扫描、多视角摄像头捕捉真实人体数据
	深度学习生成	利用生成对抗网络、神经辐射场等方法生成高保真模型
	动态细节模拟	使用深度学习、计算机视觉等算法和技术对面部微表情、肌肉运动、头发、衣物等进行物理仿真
驱动	动作捕捉驱动	通过光学/惯性动捕设备将真人动作映射到数字人
	语音驱动	利用语音信号生成口型、表情
	人工智能算法驱动	基于深度学习算法的相关模型自动生成动作与表情
交互	自然语言处理	依赖大语言模型实现对话能力
	语音合成	生成拟人化语音
	情感计算	通过语音、文本识别用户情绪，调整数字人的情感反馈
	多模态融合	整合视觉、语音、文本信号，实现上下文感知

数字人已广泛应用于多个领域，并显著提升了用户的交互体验。在娱乐领域，虚拟偶像（如初音未来、A-Soul等）通过全息演唱会、直播与粉丝互动，创造了巨大的商业价值；在企业服务领域，数字员工（如银行AI客服、商场数字导览员等）可以提供24h在线服务，极大地降低了人力成本；在医疗和教育领域，虚拟医生基于自然语言处理和知识库进行病症分析，数字教师实现个性化教学；在元宇宙领域，高拟真数字化身成为用户社交的核心载体之一；在电商直播领域，各大电商平台的直播间可以借助虚拟主播实现全天候带货；在文化传承领域，通过数字人复现历史人物，如敦煌虚拟讲解员，使用户可以以更加生动和活泼的方式了解并传承传统文化。今后，在更强大的技术驱动下，数字人将从单向输出向多模态情感交互升级，其应用将更加广泛和深入，给用户带来更加真实的交互体验。

3.2.4　人工智能驱动科学

人工智能驱动科学（Artificial Intelligence for Science）是指利用人工智能技术来推动科学研究的创新和突破。它通过结合机器学习、深度学习、数据挖掘等人工智能算法和技术，与传统科学研究方法相结合，加速科学发现、优化实验设计、提高大规模科学数据的处理和分析效率，助推各个科学领域实现更高效、更精准的科学研究。

1. 人工智能驱动科学的价值

人工智能驱动科学的高效的数据处理与分析能力，为科学研究带来强大助力。它可以快速筛选海量数据，挖掘隐藏信息与规律，助力科学家在复杂问题的求解上突破传统限制，无论是药物研发中对海量分子结构的筛选，还是气候预测里对众多气象因素的精准建模，都能通过人工智能驱动科学来大幅缩短研究周期、降低人力成本。同时，人工智能模型的预测功能可提前预估实验结果、模拟科学现象，为实验设计提供科学依据，减少盲目探索。而且它还能跨学科融合知识，打破学科壁垒，催生更多创新性研究思路与方法，推动整个科学领域加速发展。

2．人工智能驱动科学的发展方向

人工智能驱动科学正在帮助科学家不断拓展科学研究的边界，从数据驱动发现到物理约束人工智能，再到生成与优化，这些发展方向在多个领域展现出巨大的潜力。

（1）数据驱动发现

数据驱动发现是一种基于大量数据的分析和挖掘来发现新知识、新规律和新模式的方法。它不依赖于预先设定的假设或理论，而是直接从数据中寻找潜在的信息和关系。其中主要涉及符号回归技术和知识图谱构建技术。

① 符号回归。符号回归是一种通过遗传算法或神经网络从数据中挖掘物理方程的技术。它能够在没有明确物理模型的情况下，从大量数据中自动发现和提炼出隐藏的物理规律和方程。符号回归的应用场景覆盖了物理学、工程学、材料科学等多个领域，其核心价值在于通过数据驱动方法揭示复杂系统的内在规律。例如，发现耦合振荡器的精确运动方程便是符号回归的典型应用。

② 知识图谱构建。知识图谱构建是通过整合文献数据，构建领域知识网络的过程。这种技术能够将分散在大量文献中的知识点整合起来，形成一张庞大的知识网络，为研究者提供全面的领域知识和研究线索。例如，某机构利用知识图谱构建技术识别药物靶点，通过整合大量的生物医学文献数据，构建起一个包含药物、靶点、疾病等实体的知识网络。研究者可以利用这个知识网络快速找到潜在的药物靶点，加速新药研发的进程。

（2）物理约束人工智能

物理约束人工智能是将物理定律、原理和约束条件融入人工智能大模型中，使人工智能大模型在学习和决策过程中遵循物理规律，从而提高人工智能大模型的准确性和可靠性。其中主要涉及物理信息神经网络技术和等变神经网络技术。

① 物理信息神经网络。物理信息神经网络（Physics-Informed Neural Network，PINN）是一种将偏微分方程的物理方程和边界条件嵌入网络的损失函数中的神经网络技术。它能够在训练过程中考虑物理定律的约束，使得人工智能大模型在预测时能够自然满足这些物理定律。PINN被广泛应用于流体力学、电磁场仿真等领域。例如，在求解黏性不可压缩流体动量守恒的运动方程时，PINN能够提供高精度的数值解，与传统的数值方法相比，PINN具有更高的灵活性和准确性，能够处理更加复杂的边界条件和初始条件。

② 等变神经网络。等变神经网络（Equivariant Neural Network）是一种保持物理对称性的神经网络技术。它能够在输入发生旋转、平移等变换时保持输出的不变性，从而提高分子动力学模拟等需要保持物理对称性的应用场景的精度。例如，DeepMind的SE(3)-Transformer利用等变神经网络提升了分子动力学模拟的精度，传统神经网络在处理这些操作时可能会引入误差，而等变神经网络则能够保持物理对称性，减少误差的产生，提高模拟的准确性。

（3）生成与优化

生成是指利用人工智能大模型创造出新的数据、内容或解决方案；优化则是在生成的基础上，通过一定的策略和方法，对生成的结果进行改进和完善，以达到更好的效果。其中主要涉及强化学习和扩散模型技术。

① 强化学习。强化学习通过智能体与环境交互来优化实验策略。智能体根据环境的反馈信号来调整自己的行为策略，以最大化累积奖励。例如，瑞士保罗谢勒研究所利用强化学习控制粒子加速器束流，通过强化学习，智能体能够学会如何精确控制束流的各项参数，如能量、位置、方向等，确保束流的稳定性和实验的准确性。

② 扩散模型。扩散模型是一种能够生成符合物理规律的分子构型的机器学习模型。它通过模拟分子在不同热力学条件下的扩散过程，生成具有特定性质的分子构型。例如，Generate Biomedicines公司发布的扩散蛋白生成模型Chroma，该模型可根据预设要求设计符合物理规律和化学规律的蛋白质序列和结构，为新药研发提供有力的支持。

3．人工智能驱动科学的应用

人工智能驱动科学可以应用在多个科学领域，如生命科学、材料科学、基础物理、地球科学等。

（1）生命科学

在生命科学领域，人工智能在药物研发和精准医疗方面上有广泛应用。在药物研发方面，人工智能贯穿药物研发的全流程，在靶点发现阶段，人工智能通过分析海量生物数据识别疾病相关基因和蛋白，助力研发人员找到药物作用靶点。在药物设计环节，人工智能利用生成对抗网络等算法设计具有特定活性的药物分子，还可以从化合物库中快速筛选潜在药物候选物，大幅缩减筛选时间和成本；在精准医疗方面，人工智能可以基于患者的基因信息、生活习惯等多维度数据，构建预测模型，为患者提供个性化医疗方案，包括精准诊断、制定治疗方案和预测疾病风险等，提高治疗效果和减少医疗资源浪费。

（2）材料科学

在材料科学领域，人工智能在新材料设计与开发，以及材料缺陷检测等方面有重要应用。在新材料设计与开发方面，人工智能通过分析材料的成分、结构和性能数据，能够建立预测模型，快速预测新材料的性能，加速设计和开发流程。例如，在"高熵非贵金属产氧催化剂"材料研究中，人工智能通过阅读文献、总结规律和模拟计算等方法，从大量候选组合中筛选出合适的材料和材料配比，大大缩短试错时间；在材料缺陷检测方面，人工智能利用图像识别技术，对材料进行高精度检测，快速准确地识别缺陷位置和类型，提高产品质量和生产效率。

（3）基础物理

在基础物理领域，人工智能在数据分析与建模，以及理论研究与模拟方面有重要应用。在数据分析与建模方面，人工智能算法可以在粒子物理实验中高效处理海量数据，识别出特殊的粒子事件，帮助科学家发现新粒子和物理现象，在天体物理研究领域，人工智能可以自动分析天文观测数据，识别不同类型的天体，并预测天体运动轨迹，研究宇宙演化；在理论研究与模拟方面，人工智能可以用于求解复杂的物理方程，如通过深度学习求解高维方程，为科学预测提供理论基础，还可模拟物理系统的行为，如模拟量子系统，为量子物理研究提供新思路。

（4）地球科学

在地球科学领域，人工智能在气候预测与模拟、地质勘探与资源评估、环境监测与评估等方面有重要应用。在气候预测与模拟方面，人工智能可以分析气象数据，建立气候预测模型，提高预测准确性和时效性，为应对气候变化提供科学依据；在地质勘探与资源评估方面，人工智能可以分析地质数据，预测矿产资源分布，提高勘探效率和准确性；在环境监测与评估方面，人工智能可以实时分析环境监测数据，评估环境污染状况和生态风险，为环境保护提供决策支持。

3.3　课堂实践

3.3.1　设计并完成"动物专家"互动游戏

1. 实践目标

专家系统实际上可以简单理解为根据用户提问回答问题的过程，越优秀的专家系统，给出的答案往往越准确和全面。本次实践便将通过开展"动物专家"这一趣味互动游戏，来模拟专家系统的问答形式，通过游戏来体验专家系统的本质，进而帮助读者更深入地了解专家系统。本次游戏一人扮演专家系统，另一人扮演用户。其中，动物知识库如表3-2所示。假设用户已知某种动物但不知道该动物的名称，因此需要与专家系统互动，由专家系统根据用户给出的信息找到正确的动物名称。

表3-2　动物知识库

名称	类别	栖息地	食性	外貌特征	独特行为/形体	其他特征
狮子	哺乳类	草原	肉食	大型，雄性有鬃毛	群居，吼叫	陆地奔跑
企鹅	鸟类	南极/海洋	肉食	黑白羽毛，短翅膀	不会飞，擅长游泳	直立行走
大象	哺乳类	草原/森林	草食	巨大体型，长鼻子	用鼻子喷水，象牙	大耳朵扇动
长颈鹿	哺乳类	草原	草食	长脖子，斑纹皮毛	非常高	奔跑速度快
熊猫	哺乳类	森林	草食	黑白毛，圆脸	吃竹子，爬树	中国特有
考拉	哺乳类	树林	草食	灰色毛，圆耳	长时间睡觉	澳大利亚特有
斑马	哺乳类	草原	草食	黑白条纹	群居	善奔跑
鳄鱼	爬行类	河流/沼泽	肉食	长吻，鳞甲	爱潜伏、善突袭	产卵繁殖
袋鼠	哺乳类	草原	草食	后肢发达，育儿袋	跳跃前进	澳大利亚特有
猫头鹰	鸟类	森林	肉食	大眼睛，头部可旋转270°	夜间活动，无声飞行	捕食老鼠/昆虫

2. 实践内容

本次课堂实践开始之前，用户心中选定一个动物，在第一轮回答动物类别后，后续问题只能回答"是"、"否"或"不确定"，专家系统通过提问逐步缩小范围，最终猜出动物名称。示例流程如下。

（1）第一轮（分类筛选）

专家系统提问："这种动物属于哺乳类、鸟类还是爬行类？"

用户回答："哺乳类。"

专家系统排除：企鹅、鳄鱼、猫头鹰。

（2）第二轮（栖息地筛选）

专家系统提问："它主要生活在陆地吗？"

用户回答："是。"

专家系统排除：无（剩余狮子、大象、长颈鹿、熊猫、考拉、斑马、袋鼠）。

（3）第三轮（食性筛选）

专家系统提问："它是草食性动物吗？"

用户回答："是。"

专家系统排除：狮子（剩余大象、长颈鹿、熊猫、考拉、斑马、袋鼠）。

（4）第四轮（外貌特征）

专家系统提问："它的身体有明显斑纹吗？"

用户回答："是。"

专家系统锁定：长颈鹿（斑纹）或斑马（条纹）。

（5）第五轮（细节确认）

专家系统提问："它的脖子特别长吗？"

用户回答："否。"

专家系统得出结论：这种动物是斑马。

• AI 思考屋

为了提高游戏的可玩性和互动性，可以扩充动物知识库，提供各种属性高度相似的动物。然后由专家系统自主提问，再次进行游戏。看看哪个"专家系统"能够更快地找出正确的动物，并思考为什么有的专家系统效率更高，有的专家系统效率更低。

3.3.2　使用百度识图识别瓷器

1．实践目标

计算机视觉技术已经深入我们的日常生活之中，为我们带来了极大的便捷，各种识图工具便利用了计算机视觉技术，可以帮助我们随时认识和了解身边的各种物体。本次课堂实践将利用网页版百度识图功能来识别一张瓷器图片，帮助读者在体验计算机视觉强大功能的同时，能够进一步意识到计算机视觉的广泛应用场景。

2．实践内容

本次课堂实践的具体操作如下。

（1）启动计算机上的浏览器，使用百度搜索引擎搜索"百度识图"，如图3-15所示，在搜索结果中单击带有"官方"标记的超链接。

（2）进入百度识图网页，单击搜索栏右侧的"本地上传"按钮 📷，在弹出的下拉列表中单击 上传图片 按钮，如图3-16所示。

（3）打开"打开"对话框，选择"瓷器.jpg"图片文件（配套资源：素材文件\第3章\瓷器.jpg），单击 打开(O) 按钮，如图3-17所示。

（4）百度识图自动识别图片内容并快速返回识别结果，完成本次实践操作，如图3-18所示。

微课视频

使用百度识图
识别瓷器

图3-15 搜索"百度识图"

图3-16 准备上传图片文件

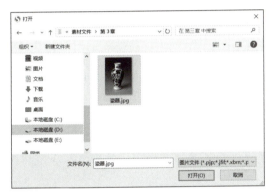

图3-17 选择图片文件

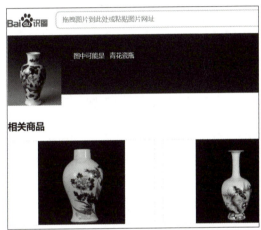

图3-18 识别结果

知识导图

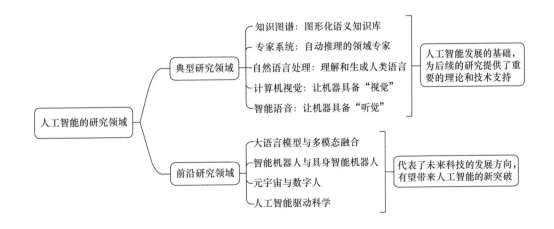

人工智能素养提升

培养人工智能创新思维

在当今，人工智能已成为推动社会进步和经济发展的重要力量。随着人工智能的不断演进，如何在这一领域中保持竞争力成为众多研究者和从业者关注的焦点。创新思维作为人工智能发展的核心竞争力，其重要性日益凸显。与此同时，随着人工智能技术的不断发展，社会对具备创新思维的人才需求日益增加。大学生作为国家未来的栋梁，其创新能力的提升不仅关乎个人职业发展，更关乎科技进步和社会发展。

大学生要培养人工智能创新思维，可以从以下4个方面着手。

（1）构建扎实的知识基础

大学生应认真学习人工智能领域的专业课程，如机器学习、深度学习、自然语言处理等，以建立扎实的理论基础。除专业课程外，大学生还应广泛涉猎其他相关学科，如数学、统计学、计算机科学等，以丰富自己的知识体系。

（2）培养实践能力和问题解决能力

大学生应积极参与人工智能项目实践，将理论知识应用于实践中，从而加深对人工智能的理解。同时，大学生应积极尝试动手编写代码、设计算法、构建模型，通过实践来锻炼自己的动手能力和问题解决能力。

（3）培养敢于探索的勇气和独立思考能力

大学生应勇于探索人工智能领域中的未知领域，敢于提出新的问题和假设，以激发自己的创新思维。在面对人工智能领域的问题时，要学会独立思考，从不同角度分析问题，提出自己的见解和解决方案。

（4）关注行业动态和技术前沿

大学生应关注人工智能领域的行业动态，了解最新的技术进展和研究成果，以便及时调整自己的研究方向和学习计划。此外，大学生应积极参加与人工智能相关的学术会议、研讨会等活动，与同行交流思想、分享经验，拓宽自己的视野，激发创新思维。

通过这些措施，大学生将能够更好地培养创新思维，适应人工智能时代的发展需求，为未来的职业发展打下坚实的基础。

思考与练习

1．名词解释

（1）专家系统　　　　　（2）自然语言处理　　　　　（3）计算机视觉

（4）大语言模型　　　　（5）元宇宙　　　　　　　　（6）数字人

2．单项选择题

（1）以下选项中，不属于知识图谱组成部分的是（　　　　）。

　　A．实体　　　　　　　　　　　　B．关系

　　C．属性　　　　　　　　　　　　D．标签

（2）在自然语言处理的文本预处理过程中，将文本切分成独立的词语或单独标记的步骤称为（　　）。

  A．分词   B．去除停用词

  C．词干提取   D．词性标注

（3）多模态融合的核心是（　　）。

  A．数据预处理   B．特征提取

  C．融合策略   D．决策制定

（4）智能机器人的核心要素不包括（　　）。

  A．感知   B．交互

  C．思维   D．行为

（5）将虚拟世界中的设计、模型或数据转化为现实世界中的物体或系统，这是元宇宙的（　　）回路。

  A．数字孪生   B．数字原生

  C．物理孪生   D．物理原生

（6）数字人制作流程中的核心环节不包括（　　）。

  A．建模   B．驱动

  C．交互   D．美化

3．简答题

（1）简述专家系统的组成情况和应用流程。

（2）什么是自然语言处理特征提取的词袋模型？

（3）智能语音有哪些关键技术？

（4）大语言模型与多模态融合是两个相同的概念吗？

（5）如何理解具身智能机器人？

（6）什么是人工智能驱动科学？

4．能力拓展题

宇树科技是一家专注于四足机器人（俗称"机器狗"）研发的公司，总部位于杭州，其产品以高性能、高性价比和开源生态著称。该公司开发的机器狗拥有自主研发的关节电机，使用动态平衡算法和多模态感知系统，被广泛应用于科研教育、石油化工、安防巡检及勘探救援等多种场景。请通过互联网搜索相关资料，从具身智能的角度说明机器人是如何实现具身智能的。

第 4 章 人工智能的应用场景

本章导读

　　许多科幻影视作品中都出现过这样的场景：当清晨第一缕阳光穿透智能窗帘，家庭人工智能系统已根据主人的睡眠周期自动调节室温，咖啡机开始研磨专属口味的咖啡，穿戴设备同步推送今日健康建议……随着人工智能技术的不断发展，这些场景将不再遥不可及。

　　除生活之外，人工智能对其他行业和领域的影响也日益显著，从智能医疗、智能金融、智能教育，到公共安全、无人驾驶，再到智能农业生产和工业生产，人工智能的身影无处不在。我们可以大胆地认为，人工智能已经不仅仅是一种技术工具，它更像是现代文明演进的"新基因"，正在构建一个更安全、更高效、更人性化的数字文明发展范式。

课前预习

学习目标

知识目标

（1）熟悉人工智能在智能生活与智能医疗方面的应用场景。

（2）熟悉人工智能在智能金融和智能教育中的应用情况。

（3）熟悉人工智能在智能公共安全中的应用。

（4）认识智能农业与工业生产的相关情况。

素养目标

（1）重视人工智能带来的影响，并主动且积极地学习相关知识。

（2）在享受人工智能带来便捷的同时，注意不能过度依赖人工智能，努力培养独立思考、热爱劳动等良好习惯。

（3）培养创新思维，并提升沟通能力，能够清晰、准确地表达观点和想法。

引导案例

开启智能穿戴设备新时代：全球首款中文大模型AI眼镜

百度公司推出的全球首款搭载中文大模型的可穿戴人工智能设备——小度AI眼镜，标志着人工智能技术在硬件领域的应用迈入全新阶段。小度AI眼镜以中文大模型为核心，深度融合语音识别、计算机视觉及AR等技术，满足工业、医疗、消费等多场景需求，成为"端侧AI"普及的重要里程碑。

小度AI眼镜首次将百度的文心大模型4.0轻量化版本嵌入终端设备，通过模型压缩与边缘计算技术，实现无须云端依赖的本地化运行。即使在网络信号受限的工厂、户外等场景中，用户仍可流畅使用实时翻译、AR辅助等核心功能。使用小度AI眼镜时，用户只需通过自然中文对话即可操控设备，如"扫描前方设备并调取手册"，小度AI眼镜便可扫描和识别设备，并调取对应的使用手册。

小度AI眼镜可以应用于多个领域。例如，在工业领域，小度AI眼镜与三一重工、国家电网等企业合作，探索辅助设备巡检、工人培训等环节的人工智能应用，工程师佩戴眼镜后，可实时获取设备故障分析、操作指引，并通过AR投射危险警示，降低安全事故风险；在医疗领域，医生在手术中可语音调取患者三维病历影像；在教育领域，教师授课时能自动生成板书摘要并同步至学生端。

作为首款以中文大模型为核心的智能眼镜，小度AI眼镜打破了微软、谷歌在该领域的长期垄断。百度智能硬件事业部负责人表示："相比海外竞品，小度AI眼镜在中文理解、本地化场景适配和成本控制上具有显著优势。"

【案例思考】

（1）小度AI眼镜有哪些功能，在不同领域有哪些应用？

（2）如果你是小度AI眼镜的设计师，对于下一代产品的功能有哪些建议？

4.1 智能生活

人工智能正以前所未有的方式融入人们的日常生活场景中，从智能出行到居家生活，逐步构建起高效、精准且人性化的服务体系，成为提升生活质量的核心驱动力。

4.1.1 智能出行

智能出行是通过人工智能、物联网（Internet of Things，IoT）、大数据等技术，提高交通系统的效率、安全性和可持续性，实现人、车、路、环境协同的下一代出行模式，其核心目标是解决交通拥堵、能源浪费、事故频发等传统问题，并提升用户的出行体验。

1. 智能出行的技术架构

智能出行的技术架构是支撑整个智能交通系统高效、安全、可持续运行的关键，它主要依托人工智能、物联网与车联网、大数据与云计算等技术实现。

（1）人工智能

人工智能在智能出行中发挥着实时决策的作用，它能够处理来自各种渠道的海量交通数据，如摄像头、卫星定位、各种传感器等收集的数据，以实时监控和分析交通出行的情况。未来，人工智能在智能出行方面的技术革新将主要集中在提高算法的自主学习能力、增强系统的泛化能力以及推动人工智能与其他技术（如边缘计算）的深度融合，以帮助用户实现更加高效、安全、智能的出行体验。

💬 AI 拓展走廊

边缘计算强调"边缘"，它将数据的处理、应用程序的运行，甚至一些功能服务的实现由中心服务器下放到网络边缘的节点上。如果说云计算是集中式大数据处理，那么边缘计算可以理解为边缘式大数据处理，即数据不用再传到遥远的云端，在边缘侧就能处理。边缘计算减少中间传输的过程，具有实时和快速的数据处理能力。由于与云端服务器的数据交换较少，边缘计算的网络带宽需求更低。此外，由于数据收集和计算都是在本地，不用被传到云端，一些重要信息尤其是敏感信息，可以不经过网络传输，能够有效解决用户隐私泄露和数据安全问题。

（2）物联网与车联网

物联网与车联网技术可以实现车辆与周围环境的互联互通，能为交通系统带来革命性的变革。

① 车辆互联。车辆互联是车联网技术的核心，它通过5G（5th Generation Mobile Communication Technology，第五代移动通信技术）和车联网等技术，实现车辆与交通基础设施、其他车辆以及行人之间的实时通信。借助5G网络的高速度和低延迟特性，车辆可以与红绿灯、路侧单元（Roadside Unit，RSU），以及其他车辆进行近乎即时的数据交换，这种通信能力使得车辆能够接收和发送关于交通状况、道路工程、紧急情况等方面的重要信息。此外，车辆互联技术还可以实时传递碰撞预警、紧急制动等信息，能够有效减少交通事故的发生。例如，当一辆车紧急刹车时，车辆互联技术可以立即将这一信

息传递给周围车辆，提醒它们采取相应措施。

② 设备协同。设备协同是指车载传感器与其他智能设备（如可穿戴设备、智能手机等）的联动，以提供更加丰富和个性化的服务。车载传感器可以与可穿戴设备如智能手表联动，实时监测驾驶员的心率、血压等，以判断驾驶员是否处于疲劳状态。通过与智能手机的协同，车载系统可以提供个性化的导航、娱乐、健康管理等服务。

> **AI专家**
>
> 物联网是指通过信息传感设备，如红外感应器、激光扫描器等装置，按照约定的协议，将任何物体与网络相连接，进行信息交换和通信，以实现智能化识别、定位、跟踪、监管等功能；车联网则是基于车辆位置、速度和路线等信息构建的交互式无线网络，由车内网、车际网和车载移动互联网组成。车联网按照约定的通信协议和标准，在车与车、车与路、车与行人及互联网之间进行无线通信和信息交换，实现人、车、路、云之间的数据互通。

（3）大数据与云计算

借助大数据与云计算技术，智能出行可以更轻松地处理和分析海量数据，为交通管理和服务提供智能化支持。

① 交通孪生。交通孪生技术即构建城市级数字孪生模型，是大数据与云计算在智能出行中的创新应用。数字孪生模型可以实时模拟城市交通流量，反映交通状况的动态变化。这种模拟有助于交通管理者预测未来的交通趋势，从而做出更加科学的决策。通过在数字孪生模型上实施不同的交通政策和管理措施，交通管理者可以在不影响实际交通的情况下测试这些措施的效果，从而有效降低政策实施的风险和成本。另外，数字孪生模型还可以用于评估交通基础设施的布局和设计，为城市交通规划和建设提供数据支持。

② 用户画像。用户画像技术利用大数据分析用户的出行习惯和行为模式，提供更加个性化的服务。通过分析用户的出行数据，如出行时间、路线选择、出行频率等，智能出行系统可以更好地理解用户需求，从而为用户提供定制化的服务，提升用户的整体出行体验。

2. 智能出行的应用场景

智能出行的应用场景十分广泛，涵盖个人出行到城市治理多个方面。

（1）个人出行

无论是步行、乘坐公共交通工具或驾驶汽车，智能出行都能为用户提供智能便捷的服务。

① 多模态导航。多模态导航可以通过整合公交、共享单车、步行等多种出行方式，为用户提供时间或成本最优的出行方案。例如，高德地图的"绿色出行-碳普惠"功能，不仅提供了路线规划，还鼓励用户选择环保的出行方式。

② 车内智能空间。车内智能空间系统可以利用语音助手、AR和抬头显示器（Head Up Display，HUD）等技术，提升驾驶体验。例如，蔚来汽车的NOMI系统允许驾驶员通过语音指令控制车内空调、娱乐系统，并通过AR-HUD将导航信息投射到前挡风玻璃上，确保驾驶员视线不会偏离，如图4-1所示。

图4-1　蔚来汽车的AR-HUD

（2）公共交通

智能出行还促进自动驾驶公交、需求响应公交等公共交通工具的诞生和应用。

① 自动驾驶公交。自动驾驶公交在固定路线上运行，采用L4级无人驾驶技术，能够提高公共交通的效率和安全性。例如，广州生物岛的"文远小巴"为用户提供便捷的无人驾驶公交服务。

② 需求响应公交。需求响应公交借助人工智能技术，根据用户的实时需求动态调整班次和路线，提供更加灵活的公交服务。例如，新加坡的Beeline系统可以通过数据分析优化出行路线。

 AI 拓展走廊

自动驾驶技术是一种通过集成人工智能、传感器和导航系统等先进技术，使车辆能够在无须人类驾驶员操控的情况下自动行驶的技术。根据自动化程度的不同，自动驾驶技术分为L0至L5这6个级别。L0级为无自动化，L1～L3级为辅助驾驶或条件自动驾驶，L4、L5级分别为高度自动驾驶和完全自动驾驶。

AI资源链接

自动驾驶技术

（3）城市治理

人工智能的深度应用，正推动城市治理从被动响应转向主动优化，尤其在交通领域，用户出行效率与安全性的双重提升已成为现实。

① 动态交通管制。通过人工智能技术，城市交通管理系统可以实时调整潮汐车道（一种根据交通流量变化动态调整行驶方向的智能车道）、限行区域等，以缓解交通压力，提高出行效率。例如，深圳的某个试点项目成功地将部分区域的拥堵率降低了35%。

② 事故预防。利用历史交通事故数据，人工智能可以预测事故多发地点，并提前部署警示标志或警力，从而预防事故的发生，让用户出行变得更加安全。

（4）无障碍与辅助出行

借助人工智能，一些特殊群体用户也能享受到便捷的出行服务。

① 轮椅导航。为方便行走不便的用户，许多导航服务提供商均推出了无障碍路径规划功能，该功能可以帮助借助轮椅出行的用户避开台阶、陡坡等障碍，确保出行的便利性。

② 视障辅助。人工智能眼镜等辅助设备能够识别公交站牌等信息，并将其转换为语音播报，为视障人士提供出行帮助。

3. 智能出行的未来发展趋势

智能出行正从技术探索迈向规模化落地，其未来发展趋势将围绕技术突破、生态协同、用户体验和社会价值4个维度展开，深刻重构交通系统的运行逻辑。

（1）技术突破。未来智能出行的底层技术体系将围绕算力架构、能源革新与感知决策进行全面升级。多域融合芯片与自主可控的操作系统将推动车辆从"机械载体"进化为"可成长的智能终端"，超充电池、氢能技术及车网互动即车到电网（Vehicle-to-Grid，V2G）技术将提升能源效率与补能体验，而云边端协同的人工智能大模型与多模态融合感知技术则将显著提升驾驶安全与决策精度。

（2）生态协同。跨行业、跨终端的协作模式将成为主流，车路云一体化基础设施与天地一体网络将实现全域数据互联，手机、智能家居与车载系统的深度集成将打破硬件边界，开源平台与垂直整合的产业链模式则会加速技术迭代与成本优化，构建开放共生的产业生态。

（3）用户体验。智能出行将超越功能实用价值，向情感化、场景化服务发展。基于用户行为的个性化推荐、无感化全旅程服务及沉浸式座舱空间将会改变人车关系，而健康管理、元宇宙交互等技术则进一步将出行场景转化为生活体验的延伸。

（4）社会价值。技术红利将驱动社会可持续发展，无障碍出行与县域普惠服务会提升交通公平性，人工智能赋能的动态交通治理系统则会优化城市资源分配。同时，新兴职业的涌现将推动就业结构转型升级，带来经济效益与社会效益的双重提升。

4.1.2　智能家居

智能家居是以物联网、人工智能、云计算等技术为基础，通过设备互联、数据分析和自动化控制，实现安全、舒适、节能及个性化居住环境的系统化解决方案。

1．智能家居的基本原理

智能家居的基本原理是通过感知层、连接层、决策层、执行层4层技术架构，将传统家居设备转化为智能化节点，形成可自主响应环境与用户需求的闭环系统。

（1）感知层。感知层通过传感器与终端设备来实时采集物理环境状态、用户行为和设备状态等数据。例如，通过温湿度传感器监测室内环境参数；通过摄像头与人体红外传感器识别用户位置与动作；通过智能插座统计家电能耗与开关状态等，如图4-2所示。

图4-2　智能插座

（2）连接层。连接层用于建立设备与设备之间、设备与云端之间的高效通信网络，确保数据可以实时同步，控制指令得以准确传输。例如，通过Wi-Fi、蓝牙等技术实现短距离无线传输等。

（3）决策层。决策层基于采集的数据，通过规则引擎或人工智能模型生成控制策略，实现自动化与个性化服务。例如，通过计算机视觉技术使摄像头识别人脸并自动开启个性化设置；通过自然语言处理技术理解用户的各种复杂指令等。

（4）执行层。执行层将决策结果转化为物理设备的动作，并通过反馈机制持续优化系统。例如，智能开关可以通过继电器控制电路的通与断；智能电机驱动系统可以控制窗帘导轨、智能门锁舌栓等设备。

2．智能家居的组成

智能家居主要由主控设备、传感器、执行器、控制终端和通信网络等部分组成，这些部分共同协作，实现家居生活的智能化、便捷化、舒适化。

（1）主控设备。主控设备即智能家居控制系统或智能家居中控主机，是智能家居系统的核心部分，负责接收指令、处理信息并控制其他智能设备。常见的主控设备有智能中控屏（见图4-3）、智能网关、智能音箱等，分别用于实现人机交互、设备连接和语音控制。

图4-3　智能中控屏

（2）传感器。传感器用于采集家居环境的各种参数，如温度、湿度、光照强度、人体活动等，并将这些数据传输给主控设备。常见的传感器包括温度传感器、湿度传感器、光线传感器、人体传感器、门窗传感器等。

（3）执行器。执行器负责接收主控设备的指令，并执行相应的操作，如开关灯光、调节空调温度、开关窗帘等。常见的执行器有智能插座、智能灯泡、智能门锁、电动窗帘电机等。

（4）控制终端。控制终端是用户与智能家居系统进行交互的界面，可以是手机App、平板计算机等。通过控制终端，用户可以远程查看家居状态、控制家居设备、设置场景模式等。

（5）通信网络。通信网络是智能家居系统中各个设备之间传输数据的桥梁。常见的通信网络有Wi-Fi、蓝牙、紫蜂等。通信网络需要具备稳定、快速、安全的特点，以确保智能家居系统的正常运行。

> **AI专家**　"紫蜂"是无线通信技术ZigBee的中文译名，它基于IEEE 802.15.4标准（一种技术标准），专为低功耗、短距离物联网设备设计。使用该技术的设备功耗极低，覆盖范围广且抗干扰性强，主要用于智能家居、工业自动化、医疗监护等低数据速率场景。

3．智能家居的应用场景

智能家居的应用场景较多，部分应用场景如表4-1所示。

表4-1　智能家居的部分应用场景

应用场景	主要功能	常见设备	补充说明
智能照明	远程开关、亮度/色温调节；定时或感应自动开关；场景联动（如"观影模式"）	智能灯泡、智能开关、人体传感器	支持语音控制，根据环境光线自动调节，节能且提升氛围感

续表

应用场景	主要功能	常见设备	补充说明
智能安防	实时监控、异常（入侵/火灾/燃气泄漏）警报；远程查看与报警推送；门锁权限管理	智能摄像头、门窗传感器、烟雾报警器、智能门锁	可联动其他设备（如警报触发时自动开灯、录像）
环境控制	自动调节温湿度；空气净化/除菌；根据环境数据优化运行（如二氧化碳浓度监测）	智能空调、加湿器、空气净化器、温湿度传感器	支持学习用户习惯，结合天气预报提前调节室内环境
家庭娱乐	语音控制影音设备；多房间音频同步；个性化内容（音乐/影视）推荐	智能音箱、智能电视、投影仪、家庭影院系统	支持手势控制、跨设备投屏（如手机投屏到电视）
家电自动化	远程控制家电（开关/模式调节）；智能故障诊断；自动化任务（如洗衣机完成时提醒）	智能冰箱、扫地机器人、智能洗衣机、智能插座	部分设备支持人工智能学习（如冰箱根据食材推荐菜谱）
场景联动	一键触发多设备协同（如"离家模式"关闭所有设备）；基于设定的环境条件自动执行设备（如温度高于26℃时打开空调）	智能中控系统、智能网关、场景面板	可自定义复杂逻辑（如"起床模式"同时拉开窗帘、播放音乐、煮咖啡）
能源管理	用电量监测；设备节能调度；太阳能系统联动	智能电表、智能插座、太阳能控制器	可视化能耗分析，优化家庭能源结构，降低碳排放
健康管理	睡眠质量监测（如床垫传感器）；环境健康指数（PM2.5/甲醛）提示；运动数据同步（与健身设备联动）	智能床垫、体脂秤、健康手环、环境监测仪	结合人工智能提供健康建议（如改善睡眠、空气净化方案）

● AI 思考屋 ○○○○○○○○○○○○○○○○○○○○○○○○○○○○○○

　　智能家居的应用极大地方便了人们的生活，假如你是智能家居设计师，你会为自己的家庭打造什么样的智能家居环境？

4．智能家居的未来发展趋势

　　智能家居将从"连接设备"向"主动服务"优化，通过人工智能与物联网的深度结合，构建以人为中心、安全可持续的智慧生活空间。智能家居未来的发展重点将集中在技术驱动与场景深化、生态互联与可持续发展，以及隐私安全与交互革新等方面。

（1）技术驱动与场景深化。未来智能家居的核心驱动力将来自人工智能与边缘计算的深度融合。人工智能不仅能实现设备的基础自动化，还能通过机器学习预测用户需求和预判设备故障。边缘计算的普及则让数据处理更贴近本地，既提升响应速度，又降低隐私泄露风险。同时，智能家居场景将从单一设备控制向全屋生态扩展，在健康管理领域，智能床垫可监测睡眠质量并联动空调优化环境；在老年人居家场景中，跌倒检测传感器能自动触发紧急呼叫；在能源管理方面，家庭光伏系统将与家电协同，优先使用低价时段电力。总的来看，技术驱动与场景深化共同推动智能家居体验从"功能满足"转向"主动服务"阶段。

（2）生态互联与可持续发展。行业生态的互联互通将成为未来发展趋势。一方面，随着各种跨品牌协议的普及，不同厂商的设备将打破壁垒实现无缝协作，开放应用程序接口也将激励开发者创新自定义场景工具。平台生态的整合加速，让手机公司、互联网公司与家电品牌通过合作构建全链路服务。另一方面，可持续发展需求将推动绿色智能家居的发展，如人工智能动态优化能耗、智能电网联动平衡用电负荷、环保材料应用与模块化设计延长设备生命周期、二手设备回收平台助力循环经济等，都将在智能家居中成为主流。

（3）隐私安全与交互革新。随着设备数量激增，隐私与安全成为用户核心关切点。未来的智能家居系统将强化端到端加密传输和本地化存储。同时，人工智能主动防御机制可以识别黑客（指利用高超的计算机技术突破系统安全防护的个人或组织）攻击特征并隔离风险设备。另外，智能家居的交互方式也将迎来变革，如无感控制、虚拟控制、情感化交互等技术能让设备更好地识别用户行为和情绪，家居机器人管家可以承担更多的陪伴角色，减轻用户负担。

4.1.3　智能穿戴设备

智能穿戴设备也称可穿戴设备，是集传感器、数据处理技术、通信技术和人工智能技术于一体的可以穿戴在身上的电子设备。作为新兴科技产品，智能穿戴设备正逐渐融入人们的日常生活，并有望在健康管理、运动健身、信息交互等方面发挥更大的作用。

1. 智能穿戴设备的核心技术

智能穿戴设备的核心技术体系由人机交互技术、传感技术、数据处理与分析技术、无线通信技术等构成，并辅以能源管理技术支撑其持续运行，共同构建感知、计算、连接与服务的闭环生态。

（1）人机交互技术。人机交互技术是用户与设备沟通的桥梁，如智能手表通过触控屏、语音指令及手势控制等多模态融合操控实现协同操作；AR眼镜则引入眼动追踪技术，通过眼球运动控制光标，提升效率。此外，智能穿戴设备还可以根据场景自适应切换模式，如运动时优先语音反馈，办公时转为振动提醒等。

（2）传感技术。传感技术通过硬件创新与数据融合实现精准监测。硬件层面，设备集成光电心率传感器、血氧传感器、皮肤电反应传感器等，可采集心率、压力指数、紫外线暴露量等多元数据；数据层面，加速度计与陀螺仪的数据融合能精准识别游泳姿态，而温度传感器可辅助校准心率数据以排除环境干扰。

（3）数据处理与分析技术。数据处理与分析技术呈现"本地即时响应＋云端深度挖掘"的分层架构。设备端搭载专用人工智能芯片，可本地实时分析心电信号并触发房颤预警，减少对云端的依赖；云端则通过深度学习对睡眠周期等长时序数据进行建模，生成健康趋势报告。

（4）无线通信技术。无线通信技术不仅能实现设备连接，更成为构建智能生态的纽带。例如，低功耗蓝牙技术保障手环与手机的长时稳定连接，无线载波通信技术则支持厘米级定位，使智能手表可无感解锁智能门锁。电子用户标志模块（Subscriber Identity Module，SIM）卡技术可以让设备独立接入5G网络，脱离手机拨打电话。

（5）能源管理技术。能源管理技术采用太阳能表盘和动能充电等创新技术来减少充电依赖，低功耗芯片可以将智能设备的续航时间延长至30天。

2. 智能穿戴设备的应用场景

随着科技的发展，智能穿戴设备的普及率越来越高，应用也逐渐深入，无论是智能手环、智能手表，还是其他智能穿戴设备，在人们生活中都发挥着越来越大的作用。

（1）健康管理。智能穿戴设备可以让健康管理融入用户的日常生活。例如，智能手环通过睡眠监测分析深睡比例，智能手表可以实时监测心率并通过语音提醒的方式防止用户运动过量。无创血糖监测耳戴设备可以在糖尿病患者血糖异常时自动提醒患者注射胰岛素。医疗级心电图手表（见图4-4）可以在检测到房颤风险时同步数据至医院人工智能平台，触发远程问诊等服务。

（2）日常生活。智能穿戴设备通过感知环境与用户状态，可以主动优化生活流程。例如，在通勤场景中，智能眼镜的AR导航箭头投射至现实路面，用户无须低头便可查看导航；在地铁闸机前，用户可使用智能手表刷卡通行；在购物时，也可使用智能手表完成支付。又如在居家场景中，智能戒指（见图4-5）可以感知用户入睡后的状态，并联动关闭客厅灯光、调低空调温度，启动空气净化器；晨起时，智能手环可以监测到用户离开睡床，自动开启咖啡机并播报今日天气与日程。

图4-4 医疗级心电图手表

图4-5 智能戒指

（3）家居控制。智能穿戴设备也可以是用户与智能家居的"神经中枢"。例如，做饭时，用户通过语音指令唤醒智能眼镜的AR菜谱，悬浮在灶台前的虚拟界面可以指导控制火候大小；当不同家庭成员佩戴手环靠近智能镜面，镜面可以自动显示其专属健康数据，如体重趋势、运动目标等；老人夜间起床时，穿戴的足底压力传感袜检测到动作，可以联动开启夜间照明灯，降低跌倒风险。

（4）娱乐社交。智能穿戴设备可以打破物理界限，重构娱乐与社交的边界。例如，在娱乐场景中，游戏玩家可身穿体感反馈背心，如图4-6所示，在游戏中体验到更加真实的触感。又如在社交场景中，智能运动手环可以根据登山路线生成3D轨迹地图，并一键分享至社交平台，好友可实时点赞并实现虚拟同行。

（5）安全防护。智能穿戴设备还可以构建个人安全的立体防线。例如，夜跑时，智能手环的紧急模式一旦触发，会自动向预设联系人发送实时定位并启动录音；儿童智能鞋（见图4-7）内置卫星定位与电子围栏，当儿童超出安全区域时，会立即推送警报信息到家长的手机。

图4-6　体感反馈背心

图4-7　儿童智能鞋

3. 智能穿戴设备的未来发展趋势

随着人工智能等技术的进一步发展，智能穿戴设备也将变得更加先进和智能，并成为用户的随身设备。智能穿戴设备在未来的发展趋势主要体现在以下4个方面。

（1）从功能集成到生物融合。未来的智能穿戴设备将突破"穿戴"概念，向隐形化与生物兼容性演进。随着柔性电子技术的革新，电子皮肤贴片可无缝贴合人体，持续监测肌电信号且无佩戴负担；可降解传感器能够在植入人体完成短期监测后自动分解，避免二次手术取出；脑机接口技术将实现意念操控设备，帮助肌萎缩侧索硬化（又名渐冻症）患者用思维打字。

（2）从数据反馈到认知协同。人工智能技术的深度应用将让智能穿戴设备具备场景预判与自主决策能力，通过分析用户长期行为数据，设备可主动生成健康干预方案。边缘计算与联邦学习的结合，既能保护隐私又能利用群体模型优化服务。此外，智能穿戴设备将融入元宇宙生态，AR眼镜成为虚实交互入口，触觉手套则能提供虚拟物体的质感反馈，这些设备将从"工具"进化为连接数字孪生世界的"感官延伸器"。

💬 **AI 拓展走廊**

联邦学习是一种保护隐私的机器学习方法，允许多个参与者协作训练一个共享的模型，而无须集中或共享彼此的原始数据。其核心思想是"数据不动，模型动"，每个参与者可以在本地用自己的数据训练模型，再将模型参数上传到中央服务器进行聚合，形成全局模型。这种方式能够有效避免数据泄露风险，适用于医疗、金融等敏感领域。

（3）从人机交互到情感共鸣。未来的智能穿戴设备将更注重情感化设计与人性化服务。柔性屏幕与自适应形态可以让智能穿戴设备适应不同体形与审美需求；情感计算技术通过语音语调、面部微表情识别用户情绪，并实时触发对应的交互功能。此外，智能穿戴设备的社交功能将进一步发展，智能戒指、宠物智能项圈等设备都将给用户提供更加贴心和周到的社交服务。

（4）无感化的数字共生。智能穿戴设备将朝着"科技隐形，服务无界"的无感化数字共生系统发展。例如，柔性传感器可能像第二层皮肤般自然存在于人体之上，设备与人体、环境能够实现实时互动。用户不再需要主动操作设备，而是生活在"预测—响应"式的智能生态中，这种共生模式并非取代人类自主性，而是将技术转化为"增强感知、解放精力"的底层支持，让用户更专注于创造性与情感性活动。

4.2 智慧医疗

智慧医疗是指利用人工智能、大数据、云计算等技术，实现医疗服务、健康管理、公共卫生等领域的智能化、数字化和精细化的新型医疗服务模式。这种模式旨在提高医疗服务的效率和质量，降低医疗成本，为人们提供更加便捷、安全的医疗服务。

4.2.1 智能问诊

人工智能在智能问诊中的参与已形成完整的技术闭环，其应用贯穿医疗服务的全流程。

问诊前，智能问诊系统通过多维度技术实现精准分诊，基于医学语料训练的自然语言处理模型可以解析患者的诉求，借助症状图谱向患者推荐合适的科室；同时，系统结合急诊分级标准优先处理判定胸痛、昏迷等急症。智能问诊系统还可以整合流行病学监测数据，对发热伴呼吸道症状患者自动触发传染病预警，实现公共卫生防控关口前移。

问诊时，智能问诊系统可以通过结构化知识库与多模态交互提升服务效能。标准化问诊路径可动态生成个性化提问序列，语音输入和皮肤病灶图片的识别准确率都较高。创新性的情绪识别模块可以通过微表情分析和语音语调监测，及时发现患者的个性倾向并触发心理疏导机制。此外，系统还可以整合多个指南构建概率图模型，以鉴别诊断各种疾病，同时基于患者基因型、过敏史等个体特征筛选用药方案，规避不良反应风险。

未来智能问诊将深度融合大语言模型与实时健康数据，实现更自然的交互和精准诊断。智能问诊系统通过整合各方医疗数据，能够显著提升识别罕见病例的能力。此外，智能问诊还将逐步承担基层医疗的大部分初诊工作，并通过可解释性技术确保诊断透明可信。

4.2.2 医学影像识别

人工智能在医学影像识别领域的应用已经较为深入，能够有效帮助医护人员提升诊断精度与效率，其常见的应用情况如下。

（1）病灶（机体上发生病变的部分）检测与定位。基于深度学习的检测算法在医学影像识别与分析中具有重要的应用价值。例如，卷积神经网络模型通过迁移学习技术，在肺部CT影像中可自动识别直径2mm以上的肺结节，图4-8所示为肺结节CT影像智能分析系统；在乳腺癌筛查领域，人工智能系统检测乳腺X线图像的恶性病变准确率极高，超过了人类放射科医师平均水平；检测三维分割网络在测量脑部核磁共振影像中的肿瘤体积时，误差非常小。这些应用都能够很好地检测与定位病灶，帮助医护人员更好地完成后期的诊断和手术。

（2）疾病分类与分级。人工智能可以通过多模态特征融合对不同疾病进行精准分类与分级。例如，在眼底光学相干断层扫描（Optical Coherence Tomography，OCT）检查图像分析中，人工智能模型可以分析糖尿病视网膜病变，自动生成黄斑水肿量化报告；对于阿尔茨海默病的早期诊断，人工智能模型可以在临床症状出现前3年预测发病风险；在肝癌病理切片分析中，弱监督学习算法可以通过全切片图像自动完成疾病分级，且准确率较高。

（3）诊疗流程优化。人工智能在医疗领域的应用能够显著提升诊疗效率。一方面，人工智能检测系统的阅片速度是人工阅片速度的几十倍；另一方面，人工智能检测系统阅片后将自动生成结构化报告，能有效提高报告生成的效率。此外，医学影像人工智能质控系统可实时监测图像质量，即时预警体位不正、伪影等问题，大幅度降低重拍率，这不仅能提高诊断效率，也能节省诊断成本。

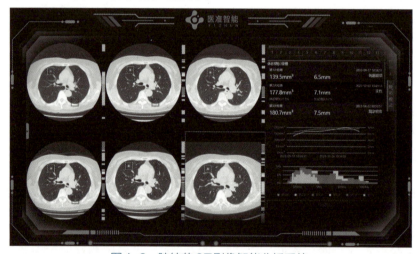

图4-8　肺结节CT影像智能分析系统

未来，医学影像识别将向全自动化、多模态协同方向发展。新一代人工智能算法将能够同步分析多类型影像数据，精准识别早期病灶，并直接生成治疗建议。跨设备、跨机构的协作平台将突破数据孤岛，提升模型泛化能力，最终实现从影像分析到手术导航的全流程支持。

4.2.3 智能药物研发

传统药物研发过程耗时长、成本高、成功率低，而智能药物研发则凭借人工智能、大数据等技术，显著缩短研发周期，降低研发成本，提高研发成功率，为医药产业带来革命性的变革。

智能药物研发的过程比较复杂，涉及需求分析、靶点（药物在体内的作用结合位点）识别、药物分子设计与优化、临床前研究、临床试验、审批上市、优化改进等环节。其中，药物分子设计与优化是核心环节之一。该环节首先需要利用虚拟筛选等技术，从化合物库中筛选出对靶点有初步活性的化合物，即苗头化合物。然后进一步优化和改造苗头化合物，通过多次实验验证，确定具有生理药理活性的先导化合物。进而在先导化合物的基础上，进行结构优化和性质评估，确保候选药物具有足够的溶解度、渗透性、药代动力学性质和安全性。人工智能技术在这一过程中可以通过以下方式加速和改进药物研发过程。

（1）处理药物分子数据。人工智能可以通过分析海量的药物分子数据，快速准确地筛选出具有潜在疗效的候选药物。这种高效的数据处理能力不仅能缩短药物设计周期，还能降低研发成本。

（2）优化药物分子。人工智能可以利用深度学习算法模拟药物分子与靶点的相互作用，从而设计出具有更高活性和特异性的药物分子。

（3）预测药物疗效和安全性。人工智能可以利用大量的临床试验数据和生物医学知识，建立预测模型来评估药物的疗效和安全性。

（4）发现新的药物靶点。药物靶点是药物发挥作用的关键部分，人工智能可以通过分析大量的基因组学和蛋白质组学数据，快速识别与疾病相关的潜在靶点，为药物研发提供新的方向和思路。

未来，人工智能将彻底改变药物研发模式，全面优化从分子设计到临床试验的过程。人工智能通过生成式模型快速设计创新药物分子，并结合虚拟患者模拟大幅缩短试验周期。同时，人工智能可以针对个体基因特征定制药物，并利用真实数据实时监控药物安全，显著降低研发成本与风险。

• ▨ AI 思考屋 ▨ ··

请分析在药物研发的其他环节，如需求分析、靶点识别、临床前研究等，人工智能是否也发挥了作用？

4.3 智能金融

智能金融是指运用人工智能、大数据、云计算等技术，创新和改造传统金融业务，实现金融服务的智能化、个性化和便捷化。智能金融涉及金融产品、服务、运营和监管等多个方面，旨在提升金融效率、降低成本、增强风险管理能力，并推动金融行业的创新发展。

4.3.1 智能支付

智能支付是智能金融的典型应用，通过将人工智能与支付系统相结合，实现支付过程的自动化和智能化。在人工智能的支持下，人脸识别支付、指纹识别支付、虹膜识别支付等支付方式得以实现与应用。

（1）人脸识别支付。该方式通过捕捉用户的面部特征，并与数据库中的面部信息进行比对，从而实现身份验证和支付操作。这种支付方式的优势在于无须任何物理接触，用户只需在支付设备前"刷脸"即可完成支付行为，如图4-9所示。人脸识别支付广泛应用于超市、餐厅、火车站等场景，能够提高支付效率，减少排队等待时间。

图4-9 人脸识别支付设备

（2）指纹识别支付。该方式使用用户的指纹特征作为身份验证的依据，用户在支付时，只需将手指放在指纹识别器上，系统便会迅速识别并完成支付。由于每个人的指纹都不同，因此指纹识别支付具有较高的安全性。此外，指纹识别支付设备普遍小巧便携，适用于智能手机、智能手表等多种终端设备。

（3）虹膜识别支付。该方式是通过识别用户眼睛虹膜的独特纹理来进行身份验证的支付方式。虹膜识别具有极高的准确性，被认为是目前较安全的生物识别技术之一。在支付过程中，用户只需将眼睛对准虹膜识别设备，即可快速完成支付。虹膜识别支付适用于对安全性要求极高的场景。随着技术的普及，虹膜识别支付有望在更多场景中得到应用。

AI资源链接

了解其他生物
识别技术

未来，各种生物识别技术将呈现融合发展的趋势。例如，微信支付最新推出的"刷掌支付"系统，集成掌纹识别与掌静脉检测技术，形成双重生物特征认证体系。技术演进方向将聚焦于跨模态生物特征融合、轻量化边缘计算模型，以及基于量子加密算法的生物模板保护体系。

4.3.2　智能风控

风控即风险控制，是指风险管理者采取各种措施和方法，消灭或减小风险事件发生的可能性，或减少风险事件发生时所造成的损失。智能风控则是指利用人工智能、大数据、云计算等先进技术对金融业务中的风险进行识别、评估与监控。人工智能在智能风控中的应用已形成多维度的技术体系，并通过技术融合与场景创新，推动风控的应用从经验驱动转向数据智能驱动。

1. 智能风控的核心支撑技术

传统风控依赖人工规则与静态模型，难以应对海量数据实时处理以及跨机构风险联防等挑战。以人工智能为核心的智能风控通过数据驱动决策、多技术融合、实时动态建模等，有效缓解了传统风控的弊端。

（1）数据驱动决策

智能风控的核心在于构建数据驱动的决策体系。通过整合多源异构数据，如用户交易行为、信用历史、社交网络关系及实时市场动态等数据，智能风控系统可以形成覆盖全维度的风险特征库。例如，银行可以利用"数据湖"架构统一存储结构化与非结构化数据，并通过特征工程工具生成用户交易频次波动率等衍生变量。在处理和分析海量数据的基础上，各种算法可以取长补短，如传统机器学习算法用于基础评分，深度学习算法则用于捕捉时序交易中的复杂模式，强化学习算法在动态攻防场景中可以更好地进行策略优化。

> **AI专家**
>
> 　　数据湖架构是一种集中式数据存储系统，支持低成本存储与灵活处理海量原始数据。其核心特点是以原始格式保存数据，无须预先定义数据结构或模式，同时支持通过结构查询语言（Structure Query Language，SQL）查询、机器学习、实时流处理等多种计算引擎按需提取与分析数据，常用于大数据分析、人工智能模型训练等场景，如金融风控中整合交易日志、文本合同、用户行为轨迹等多源信息。

（2）多技术融合

多技术融合可以构建立体化风控网络，实现风险的多维度感知。例如，知识图谱通过实体抽取与关系推理，可应用于反洗钱资金链路追踪和企业担保链预警；生物识别技术升级至多模态融合认证，结合活体检测可以抵御深度伪造攻击；自然语言处理则可以挖掘非结构化数据价值，基于领域预训练模型解析财报合同，或从客服对话中识别欺诈意图等。

（3）实时动态建模

实时动态建模技术可以视为智能风控的核心引擎。面对快速变化的金融市场，该技术通过流式计算框架（一种实时处理连续数据流的系统）可以实现每秒百万级的数据吞吐行为，结合增量学习动态调整参数，可以很好地应对突发风险。

2．智能风控的应用场景

智能风控在金融领域的应用日益重要，其应用涵盖全流程风控管理、反欺诈体系构建以及市场与合规风险管控等多个方面。

（1）全流程风控管理

在金融业务链条中，风控管理需要贯穿用户全生命周期。传统风控因数据割裂与响应滞后，难以实现动态精准决策。而人工智能通过"数据驱动＋实时计算"重构风控流程，从贷前准入、贷中监控到贷后管理形成闭环，推动风险管理从"单点防御"向"全周期智能调控"演进。

① 贷前准入。通过人工智能信用评分模型融合多维度数据，智能风控可以量化借款人违约概率。例如，某银行利用用户微信支付流水数据、公积金缴纳数据构建小微企业信用画像，将客户违约率降低至5%以下。

② 贷中监控。基于流式计算框架与在线学习技术，智能风控得以实现交易行为的毫秒级风险决策。例如，某支付平台的风控系统每秒处理超50万笔交易，通过动态图神经网络实时识别异常模式，误拦率控制在0.3%以内。

③ 贷后管理。利用生存分析模型预测用户还款能力衰减曲线，结合强化学习算法，智能风控可以动态制定催收策略。例如，某担保公司通过人工智能技术将催收分为18个精细场景，使90天以上逾期资产回收率提升27%。

（2）反欺诈体系构建

随着深度伪造、自动化攻击等攻击方式的升级，单一防御手段已无法应对复杂欺诈场景。而人工智能通过生物核验、情报共享与对抗学习构建协同联防体系，在身份认证、数据协作、攻防对抗三大维度实现反欺诈能力的提升。

① 多模态生物核验。在人脸识别、声纹识别的基础上，叠加行为特征分析技术，智能风控可以构建立体化身份认证体系，从而有效提高反欺诈准确率。例如，一些金融机构的远程开户系统通过融合人脸活体检测、声纹动态验证及行为建模，提高开户安全性。

② 欺诈情报共享网络。智能风控通过整合内外部数据可以构建跨行业欺诈名单库。例如，中国银联联合京东金融等机构成立的"互联网金融支付安全联盟"，通过区块链存证技术实现欺诈标签的实时同步，累计识别上千条跨境赌博资金链路。

③ 对抗性攻防升级。针对使用生成对抗网络技术生成的虚假人脸、ChatGPT伪造的申请资料等新型攻击，智能风控可以研发防御性人工智能模型，升级金融系统的防御能力。例如，腾讯云开发的MaaS（模型即服务），基于海量欺诈样本，通过大量预训练与模型对抗形成定制化的反欺诈风控模型，提高反欺诈风控效率。

（3）市场与合规风险管控

在全球金融市场波动加剧、监管政策密集出台的背景下，金融机构急需从被动合规转向主动预判。人工智能通过时序预测模型解析市场规律，借助知识图谱分析合规逻辑，使风险管控兼具前瞻性与规范性。

① 市场波动预警。智能风控可以应用时序预测模型分析股市、债市、汇市波动率，并结合宏观经济因子生成压力测试报告。例如，高盛集团基于人工智能的"市场冲击模拟器"成功预判瑞士信贷债券下跌事件，提前72h启动对冲策略避免大量损失。

② 自动化合规引擎。智能风控应用的自然语言处理技术可以解析监管文件，构建合规知识图谱，并自动检查交易流水、合同条款的违规风险。

3. 智能风控的未来发展趋势

智能风控的未来发展将围绕技术深化、场景扩展与伦理合规三大主线展开，向实时化、主动化、人性化方向演进，成为金融、供应链、公共安全等领域的核心基础设施。

（1）技术深化。通过整合文本、图像等多模态数据，结合大语言模型的因果推理能力，实现风险的全维度感知；结合联邦学习与区块链技术推动跨机构数据安全协作，同时将轻量化人工智能模型部署至终端设备，实现毫秒级本地化风控。

（2）场景扩展。智能风控将向供应链金融、医疗健康、智慧交通、能源管理等领域延伸，还将应用于跨境支付欺诈识别等全球化场景，实现多维度风险联防联控。

（3）伦理合规。加速解决算法歧视和黑箱模型问题，通过建立人工智能模型的可解释性机制和多方审计体系，制定数据隐私保护国际标准，联合监管部门推动算法透明化治理。

> **AI专家**
>
> 算法歧视是指算法在决策过程中因数据、设计或应用环境等因素，对特定群体产生系统性不公平结果的现象；黑箱模型则是指机器学习模型的决策过程难以被人类理解，输入与输出间的逻辑关系不透明。

4.3.3 智能投顾

投顾即投资顾问，是一种为用户提供投资建议的职业。智能投顾则是一种基于算法和模型，并根据用户的风险承受能力、收益目标等信息，为用户提供自动化投资组合管理、财务规划和投资建议的金融科技服务。

1. 智能投顾的核心技术

智能投顾的核心技术主要包括大数据分析、智能算法引擎、云计算架构、自动化交易系统等，这些技术协同作用，使智能投顾具备精准决策、快速响应和全天候服务的能力，能够大幅降低传统人工投顾的成本与突破效率瓶颈。

（1）大数据分析。该技术整合宏观经济、市场行情及用户行为等海量数据，通过机器学习挖掘投资规律与风险特征，构建动态决策模型。

（2）智能算法引擎。该技术运用现代投资组合理论和深度学习算法，自动生成个性化资产配置方案，并实时优化调整。

（3）云计算架构。该技术依托分布式算力实现毫秒级数据处理，支持高频市场监控和投资组合的瞬时再平衡。

（4）自动化交易系统。该技术通过应用程序接口对接金融市场，智能执行交易指令，同步完成跨市场、多品种的资产配置操作。

2．智能投顾的应用场景

智能投顾的应用场景广泛，这些场景依托智能投顾的实时数据处理、精准风险量化及自动化执行能力，推动金融服务从"经验驱动"向"数据驱动"转型。

（1）个人财富管理。这是面向普通投资者提供低门槛、自动化的理财服务。例如，根据用户收入水平与风险偏好，智能生成股票、债券、基金等产品的多元化组合，并通过动态调仓帮助投资者实现短期储蓄增值或长期退休金规划。

（2）机构资产配置。为中小银行、财富管理机构提供智能策略支持，能快速处理海量用户数据并生成定制化投资方案，降低人工成本，提升服务效率与合规性。

（3）养老金与教育基金。通过长期收益预测模型和风险控制算法，为家庭设计养老基金组合或教育储蓄计划，平衡不同生命周期阶段的资产流动性需求。

（4）跨境投资服务。利用算法分析全球市场数据，为高净值客户（指拥有较高可投资资产的个人）自动配置海外资产，规避单一市场波动风险。

（5）普惠金融。借助低费率优势覆盖传统金融服务难以触达的长尾用户（指需求量小但数量众多的客户群体），如为用户提供智能定投、小额分散投资等标准化产品。

3．智能投顾的未来发展趋势

随着技术迭代与监管成熟，智能投顾可能从工具升级为一种生态，推动财富管理向全自动化、高包容性的普惠金融阶段演进。其未来发展趋势主要体现在以下方面。

（1）技术智能化升级。生成式人工智能、强化学习等技术的引入将提升资产配置的精准度，实现动态的个性化配置。

（2）服务场景垂直化。细分领域（如元宇宙资产配置等新兴方向）应用加速落地，同时深化养老、教育等长周期财富管理场景的算法适配。

（3）监管科技融合。监管沙盒（指受监督的"安全空间"）、算法备案等机制将推动监管科技融合合规发展，通过可解释人工智能技术提升决策透明度，建立投资者救济与责任追溯体系。

（4）混合服务模式。智能投顾与人工投顾结合形成"人机协同"服务，人工智能处理标准化操作，复杂需求由专业人工投顾介入，兼顾效率与深度。

（5）全球化资产互联。依托区块链跨链技术，智能投顾将整合更多海外市场数据，为普通投资者提供一键配置全球不动产、大宗商品的通道。

• [AI 思考屋] ○

假设你或你的家人有一笔资金需要投资，计划通过某金融机构的智能投顾服务进行资产配置，请问你需要智能投顾具备哪些功能，以帮助你做出科学的投资决策？

4.4 智能教育

智能教育是将人工智能技术深度融入教育行业，通过智能化的手段来优化教育环境，从而推动传统教育模式、教学方法和学习体验发生明显变化的一种新型教育模式。

4.4.1 智能在线教育

智能在线教育是教育领域的一场深刻变革，它融合了先进的信息技术与教育理念。它以人工智能技术为核心驱动力，结合大数据技术、智能教学工具和平台，为用户提供个性化、灵活、便捷、高效的学习方式和途径，打破传统教育的时间和空间限制，有助于满足用户多样化的学习需求，更好地推动教育事业的发展和进步。

1. 智能在线教育的功能

智能在线教育通过技术革新重新定义了学习方式。首先，它强调个性化学习，利用人工智能算法实时分析用户的知识掌握程度和薄弱环节，动态调整学习内容、难度和进度，让学习更贴合个人需求。

其次，通过语音识别、手势交互、VR/AR等技术，智能在线教育能够打造虚拟实验室、元宇宙教室等沉浸式课堂，让学习更加生动和直观。同时，生成式人工智能可以更快速地生成课程内容、习题和教案，减轻教师负担；智能笔、电子黑板等硬件设备能实时记录教学过程数据，为后续优化提供依据。

此外，智能在线教育能够采集学习行为、答题记录甚至情绪反馈等信息，形成全面的用户画像。基于这些画像，智能在线教育不仅能预测用户潜在的学习困难，还能提前介入辅导，实现精准干预。

最后，智能在线教育打破时空限制，支持碎片化学习和终身学习，还能覆盖偏远地区及特殊群体，将优质教育资源向所有用户普及，大幅降低学习门槛。这种"低成本、高效能"的模式正在推动教育公平化，让更多人受益。

2. 智能在线教育的应用场景

智能在线教育在基础教育、高等教育、职业教育和企业培训中都有广泛的应用。

（1）基础教育。智能在线教育可以通过人工智能自动批改作业和生成错题本，帮助教师节省大量重复性工作时间，让学生更高效地查漏补缺。同时，针对实验条件有限的学校，AR技术可以模拟化学反应、物理现象等场景，让学生通过虚拟实验直观理解科学原理，弥补硬件设施的不足。

（2）高等教育与职业教育。智能在线教育可以让实践训练更安全、更高效。对于医学、工程等需要大量实操的专业的学生，可以通过智能在线教育建立的虚拟平台进行手术模拟或机械操作训练，不需要真实设备就能积累实操经验。此外，智能在线教育还能分析就业市场的岗位需求，为学生推荐个性化的技能提升路径，帮助学生精准匹配职业发展方向。

（3）企业培训。智能在线教育可以根据员工的能力短板定制培训方案，甚至通过沙盘演练模拟真实工作场景，提升培训效果。在能力素养培养方面，智能在线教育还可以通过分析会议录音、沟通记录等内容，给出改进建议，帮助员工提升团队协作和沟通能力。

3. 智能在线教育的未来发展趋势

在未来的智能在线教育领域，行业发展可能呈现以下趋势。

（1）深度应用。人工智能可能将深度参与课程开发，以便快速生成多语言、多学科的教材和习题，甚至为不同文化背景的学生定制内容。

（2）虚实融合。教育场景会越来越"虚实融合"，全球学生可以打破地域限制，在同一个虚拟教室里协作完成项目，且能在构建好的跨国学习社区进行交流分享。在职业教育领域，混合现实（Mixed Reality, MR）技术可能成为主流工具，学生戴上混合现实眼镜，就能在真实的车间里拆解一台"虚拟发动机"，既能动手操作又能避免安全隐患。

（3）素养评估。人工智能通过分析学生的学习行为，评估创造力、沟通力等核心素养。同时，区块链技术会让学习成果更透明可信，学生的课程证书和学分会被加密存储在区块链上，全球高校和企业都能直接验证。

以上这些变化和猜想都离不开政策与技术的共同推动。各国政府正大力支持教育数字化。例如，我国的"教育新基建"计划，为农村和弱势群体提供人工智能教育资源。企业、高校和技术公司也在加速合作，开发更加先进的智能教学工具，让技术更快从实验室走进课堂。未来的教育将更公平、更灵活，真正实现"人人可学，处处能学"的教育局面。

4.4.2 智能虚拟助教

智能虚拟助教作为智能教育行业的一项重要应用，已经在教育实践中取得显著的进展。智能虚拟助教是利用机器学习、自然语言处理等人工智能技术构建的软件代理或机器人，旨在模拟人类教师的行为和交互，以提供与传统课堂教学相似的学习支持和教育服务，帮助学生获得更好的学习体验。

1. 智能虚拟助教的技术

智能虚拟助教借助多种技术，提供24h在线答疑、作业批改、学习监督等功能，为个性化教育提供新路径。

（1）自然语言处理与对话生成。智能虚拟助教通过自然语言处理技术理解学生提问的语义，并生成自然流畅的回复。同时，结合大语言模型，智能虚拟助教还能自动生成课程相关的个性化辅导内容。

（2）机器学习与数据分析。通过分析学生的学习行为、答题记录等数据，智能虚拟助教可构建精准的"学生画像"，识别薄弱环节并提供针对性练习。

（3）语音识别。语音识别技术能让智能虚拟助教通过对话形式与用户进行交互。同时，结合语义分析，智能虚拟助教还可以实现实时字幕转录、重点内容标记等课堂辅助功能。

（4）多模态技术融合。计算机视觉与自然语言处理技术的结合，使智能虚拟助教能将文字案例转化为视频教学资源，增强学习直观性。结合虚拟现实技术，智能虚拟助教还可进一步打造沉浸式学习场景。

2. 智能虚拟助教的应用场景

智能虚拟助教作为教育领域的新兴应用，正逐渐改变着传统的教学模式和学习方式，其应用场景丰富多样，为教育教学带来诸多便利和创新。

（1）全天候智能答疑

学生在学习过程中难免会遇到各种各样的问题，在传统教学中，教师受到时间和精力的限制，无法随时为学生提供答疑服务。而智能虚拟助教的出现，解决了这一难题，实现了全天候智能答疑功能。无论是白天还是夜晚，智能虚拟助教都能随时响应。

此外，智能虚拟助教依托强大的自然语言处理技术和丰富的知识储备，能够准确理解学生提出的问题，并迅速给出清晰、详细的解答。无论是学术性较强的专业课程问题，还是日常生活中的常识性疑问，智能虚拟助教都能应对自如。

（2）自动化作业批改与反馈

批改作业是教学过程中一项烦琐且耗时的工作，往往需要花费教师大量的时间和精力。而智能虚拟助教的自动化作业批改与反馈功能，能够极大地减轻教师的工作负担，提高教学效率。智能虚拟助教可以根据预设的答案和评分规则，快速、准确地批改学生提交的各类作业。无论哪种题型，智能虚拟助教都能运用先进的算法和语义分析技术进行有效评估。在批改完成后，智能虚拟助教不仅能给出具体的分数，还能为学生提供详细的反馈意见。

此外，智能虚拟助教还会指出学生在作业中存在的问题和不足之处，如知识点的遗漏、解题思路的偏差、语言表达不规范等，并给出针对性的改进建议。

（3）个性化学习引擎

不同学生的学习能力、学习进度和学习风格都有所不同，传统的教学模式往往难以满足学生的个性化需求。智能虚拟助教的个性化学习引擎会收集和分析学生的学习行为数据，包括学习时间、学习频率、答题情况、知识点掌握程度等。通过深入挖掘和分析这些数据，个性化学习引擎能够了解每位学生的学习优势和薄弱环节，进而为其制订出符合个人需求的学习计划。

此外，个性化学习引擎还能根据学生的学习风格调整教学内容的呈现方式。例如，有些学生喜欢通过观看视频来学习，有些学生则更倾向于通过阅读来学习，个性化学习引擎会根据学生的偏好为他们提供相应的学习资源。这种个性化的学习体验能够充分调动学生的学习积极性和主动性，优化学习效果。

（4）跨场景服务延伸

智能虚拟助教不仅可以辅助课堂教学，还能实现跨场景的服务延伸，为用户提供全方位的学习支持。在学校场景中，智能虚拟助教可以与学校的教学管理系统无缝对接，为教师和学生提供更加便捷的服务。教师可以通过智能虚拟助教发布课程通知、布置作业、组织在线讨论等活动；学生则可以随时查看课程信息、提交作业、参与互动交流。

此外，智能虚拟助教还可以在图书馆、实验室等场所为学生提供相关的学习指导和帮助，如推荐合适的图书资料、指导实验操作等。在家庭场景中，用户可以在课后通过智能设备随时随地访问智能虚拟助教，进行自主学习和复习。在社会实践场景中，智能虚拟助教同样能发挥重要作用。例如，在参观博物馆、科技馆等场所时，用户可以通过智能虚拟助教获取展品的详细介绍和相关知识背景，增强学习的趣味性和实效性。在进行户外调研活动时，智能虚拟助教可以为用户提供调研方法和指导技巧，帮助他们更好地完成调研任务。

3. 智能虚拟助教的未来发展趋势

智能虚拟助教将呈现五大发展趋势，这些趋势将推动教育走向智能化、个性化和无边界化，重新定义学习模式。

（1）情感交互升级。智能虚拟助教将能识别用户情绪并调整沟通方式，如在用户沮丧时自动降低题目难度，用鼓励性语言维持用户的学习动力，逐步实现"人性化"辅导。

（2）虚实场景融合。结合AR/VR技术，智能虚拟助教可融入真实教学场景。例如，在进行化学实验时，AR眼镜实时显示分子反应动画；在体育训练中，智能传感器同步纠正动作细节。

（3）跨学科知识贯通。智能虚拟助教将打破学科界限，辅助解决复杂问题。例如，在分析"城市交通拥堵"时，智能虚拟助教自动关联数学建模、环境科学等多领域知识，培养学生的综合思维能力。

（4）教育普惠深化。通过技术优化，低配设备也能使用智能虚拟助教，配合实时翻译，让偏远地区学生获取优质资源，缩小教育差距。

（5）人机协同增效。人工智能负责标准化教学，教师专注于创造力培养，两者数据互通形成互补，共同提高教学效率与质量。

> **AI专家**
>
> 智能在线教育是一种综合性的教育模式，其核心是通过数据分析调整教学难度和内容，覆盖从资源分发到进度跟踪的全流程。智能虚拟助教则是嵌入智能教育系统中的具体工具，专注于实时互动与辅助教学。简言之，智能在线教育是包含课程体系、资源平台和教学方法的宏观框架，而智能虚拟助教是其中实现个性化服务的执行单元。前者构建学习生态，后者聚焦交互支持。

4.5 智能公共安全

智能公共安全是指利用人工智能、传感器、视频监控、物联网等技术，结合数据分析平台，对人员、车辆、物品等各种对象进行实时监控与预警，确保公民个人在进行正常的生活、工作、学习、娱乐和交往时，具备稳定的外部环境和秩序。

4.5.1 智能监控

智能监控是指利用人工智能、大数据、物联网等技术，对视频、图像及环境数据进行实时分析、自动识别和智能预警的安防系统。其核心是通过算法自动检测异常行为、识别潜在风险，并联动应急响应机制，提高公共安全管理的效率和精准度。

1．智能监控的核心功能

作为智能公共安全体系的核心支撑，智能监控通过整合人工智能算法、海量数据与各种物联设备，构建起"感知—分析—响应"的全链条能力。其核心功能主要体现为以下3个方面。

（1）实时监控与预警。智能监控通过高清摄像头实现24h不间断监控，支持多画面切换和远程实时查看，如图4-10所示。基于人工智能算法，智能监控可以自动识别异常行为，如行驶的汽车突然加速、有人恶意破坏公物等；还能识别各种可疑或危险的物品，如遗留的包裹、可疑的器械等，并立即触发报警机制。结合人脸识别技术，智能监控还能精准追踪嫌疑人的行动轨迹，协助警方快速锁定目标。

（2）数据分析与决策支持。智能监控通过整合人员流动、交通流量等多维度数据，利用大数据分析预测潜在风险，如交通拥堵、聚集性事件等，并能通过数据挖掘技术评估区域安全态势，为应急资源调度提供科学依据，提升决策效率和精准度。

图4-10　实时监控

（3）应急响应与联动。一旦发现紧急情况，智能监控可以自动启动预设应急预案，并联动警铃、警灯等设备发出警示，向救援人员推送实时位置和事件详情等信息。同时，智能监控还能通过电子地图协调多个摄像头协同工作，确保大范围场景的监控覆盖与快速响应。

2．智能监控的应用场景

基于技术支撑，智能监控已满足公共安全管理的多维度需求，其主要应用场景如下。

（1）犯罪预防。智能监控通过行为识别算法，实时分析公共场所中的人员动作，精准捕捉可疑行为。例如，对破坏公共设施、闯入禁区等异常动作进行自动标记，并结合人脸数据库快速匹配嫌疑人身份。在银行、商场等公共区域，智能监控还可通过轨迹追踪预判潜在犯罪意图，联动安保人员提前干预，大幅降低犯罪案件发生率。

（2）交通管理。基于多路摄像头与人工智能算法，智能监控可以实时分析道路车流量、车速及违章行为，自动调整信号灯配时以缓解交通拥堵。同时，通过车牌识别与交通大数据联动，精准追踪违章车辆，并推送处罚信息至交通管理平台。此外，在事故高发路段，智能监控还可通过路况预测模型提前部署应急资源。

（3）人群管控。在大型活动或交通枢纽场景中，智能监控可以通过立体视觉技术量化人群密度，结合移动轨迹预测踩踏风险。当检测到局部区域密度超标或异常聚集时，智能监控自动触发预警生成疏散路线，并通过电子屏引导分流，平衡人流压力，保障公共安全。

3．智能监控的未来发展趋势

未来，智能监控的发展将围绕"精准感知—自主决策—全域协同"三大轴线持续突破，主要发展趋势如下。

（1）技术深化与全域感知。借助技术的不断发展，智能监控将通过更高精度的多模态感知，构建全域覆盖的立体监测网络。例如，在森林防火场景中，智能监控结合卫星遥感与地面热感摄像头，实现火灾隐患的早期预警与精准定位，如图4-11所示。

（2）边缘智能与自主决策。借助边缘计算技术，智能监控将逐步实现前端设备的本地化实时分析，减少对云端的依赖。例如，摄像头内置人工智能芯片可直接完成人脸比对、行为识别，并在0.5s内触发报警，大幅提升摄像头响应速度。同时，人工智能模型将具备动态学习能力，根据历史数据自主优化预警阈值与应急策略。

（3）多系统融合与城市级协同。智能监控将进一步与交通、环保、应急管理等系统联动，形成城市级安全协同平台。例如，台风预警期间，监控系统可联动气象数据预测洪涝风险区域，自动调度无人机巡检并引导群众撤离，实现防灾救援一体化。

图4-11 森林火灾监控画面

4.5.2 智能预警

智能预警是智能公共安全的核心环节之一，通过多维度数据融合、人工智能算法实时分析及自动化响应机制，智能预警可以实现多维度风险感知及响应式干预处置。

1. 智能预警的技术架构

智能预警系统依托"数据采集—分析决策—响应处置"3层架构，实现公共安全的风险防控。

（1）数据采集层。数据采集层可以整合视频监控、环境传感器、物联网设备及无人机、卫星遥感等设备，构建"空天地"一体化感知网络，并通过融合公安、交通、气象等跨部门数据，形成全局风险视图。

（2）分析决策层。分析决策层基于人工智能算法引擎，利用各种先进的人工智能算法模型来识别人员异常行为及车辆违章行为，构建灾害扩散、交通拥堵等预测模型。然后，分析决策层根据风险等级启动分级响应，对于低风险行为推送预警信息至管理平台，对于高风险行为则直接触发声光报警并联动应急设备。

（3）响应处置层。响应处置层通过自动化控制实现秒级干预，如火灾时自动启动排烟系统，交通拥堵时调整信号灯疏导交通。

2. 智能预警的应用场景

智能预警主要应用在犯罪预防预警、自然灾害预警和交通事故事前干预等方面，如表4-2所示。

表4-2   智能预警的主要应用场景

场景	案例	预警流程
犯罪预防预警	地铁站内人员长时间滞留且频繁观察监控摄像头	视频识别分析异常行为→比对公安数据库标记可疑人员→推送预警信息至警务终端→便衣民警现场核查
自然灾害预警	山区地质灾害监测	地质传感器检测山体位移速度异常→结合卫星遥感数据验证滑坡风险→通过应急广播通知群众撤离→无人机巡查确认疏散情况
交通事故事前干预	高速公路团雾路段	气象传感器检测能见度低于50米→动态限速牌自动下调车速→车载终端推送语音提醒→监控中心远程封闭入口

3．智能预警的未来发展趋势

未来，智能预警将通过技术下沉强化实时响应能力，依托数据仿真提升预判精度，借助社会参与扩展防控边界，围绕实时性、精准度与协同性加速升级，推动公共安全从"被动处置"向"主动免疫"转型。以下是3个可能的发展趋势。

（1）边缘计算驱动实时响应。智能预警将通过在摄像头等终端部署轻量化人工智能芯片，实现数据端侧实时分析，减少云端传输延迟，提升应急效率。

（2）数字孪生赋能风险预判。智能预警将构建虚拟城市模型模拟灾害扩散路径，动态优化应急预案，实现"事前推演—事中调控—事后复盘"的闭环效果。

（3）公众共治生态构建。智能预警将开放预警接口至微信小程序等平台，推送个性化避险指南，联动政府、企业与市民协同防控，形成全域安全治理网络。

• AI 思考屋 ○○○○○○○○○○○○○○○○○○○○○○○○○○○○○○○

在地震发生前，智能手机会收到预警信号，这是否属于智能预警的一种应用场景？请尝试推理出它的大致预警流程。

4.6   智能农业与工业生产

作为国民经济的基础和主导产业，现代农业与工业的生产场景已广泛应用人工智能技术。人工智能不仅能助力农业与工业生产提高生产效率、优化资源配置、减少人力成本、提升产品质量，还在推动农业与工业可持续发展方面发挥着重要作用，为实现经济与环境的双重效益提供有力支撑。

4.6.1   智慧农场

智慧农场通过物联网、大数据、人工智能等技术实现农业生产的智能化、精准化和高效化管理，是现代农业与现代科技深度融合的产物。

1．智慧农场的技术架构

智慧农场并非单一技术的简单叠加，而是通过多层级系统协同，实现数据采集、数据传输、数据处理、智能决策、自动执行，以及安全与维护等操作。

（1）感知层。感知层负责实时采集农场环境与作物生长的各类数据。智慧农场通过土壤传感器、气象站、无人机等设备，结合智能农机和电子标签，形成全方位数据监测网。

（2）传输层。传输层负责将采集的数据传输到云端或本地服务器，智慧农场使用光纤连接固定设施，使用无线网络全方位覆盖农场，并使用卫星通信保障偏远地区数据传输。

（3）数据层。数据层负责存储与处理信息。智慧农场依靠云计算平台获得弹性算力，通过时序数据库记录传感器动态数据，使用空间数据库管理地块地图，并借助人工智能算法和大数据分析工具挖掘规律，结合气象、市场等数据，为决策提供科学依据。

（4）应用层。应用层可以基于数据分析结果，自动生成操作指令。例如，智能灌溉按需浇水，无人机精准喷洒农药，区块链记录农产品全流程信息。此外，数字孪生技术可以用于构建虚拟农场、模拟环境变化，决策系统能完成产量预测、灾害预警，甚至推荐销售策略。

（5）控制层。控制层通过物联网将指令传递至终端设备，使无人农机、温室温控设备、采摘机器人等设备自主作业，实现"数据驱动动作"的目的。例如，光照不足时补光灯自动开启，果实成熟后机器人精准采摘果实等，如图4-12所示。

（6）安全与运维。安全与运维贯穿整个智慧农场的技术架构，保障系统稳定运行与数据安全。智慧农场通过数据加密、设备身份认证确保系统安全，防止故障中断生产，减少人工维护成本。

图4-12　机器人采摘水果

2. 智慧农场的应用场景

智慧农场通过技术融合，解决了传统农业依赖经验、效率低、资源浪费等问题，推动农业向高效、环保、可持续方向升级，其主要应用场景如下。

（1）精准种植管理。智慧农场通过土壤传感器、气象站和无人机实时监测农田环境，如温湿度、光照、土壤肥力等，并结合人工智能算法分析数据，自动调节灌溉量、施肥量。例如，干旱区域自动启动滴灌系统，缺氮土壤触发精准追肥，这样既能避免资源浪费，又能提升农作物产量与品质。

（2）自动化生产作业。智慧农场中应用的智能设备可以替代传统人力完成播种、除草、采摘等重复劳动。例如，自动驾驶拖拉机可以按规划路径耕作，人工智能视觉识别的机械臂可以精准采收成熟果蔬，实现24h高效作业，从而大幅降低人工成本，适合大规模农场和劳动力短缺的地区。

（3）智能养殖监控。在畜牧养殖中，智慧农场利用耳标、摄像头追踪动物活动轨迹，获取体温等健康数据，达到疾病预警的目的。此外，自动喂食系统可以根据动物的生长阶段调整饲料配比，智能环控设备可以调节圈舍温湿度，减少疫病传播，提升出栏率。

（4）供应链优化与溯源。智慧农场可以实现从种植到销售的全流程数字化，利用区块链技术记录农产品生长环境、加工运输信息，消费者扫码即可溯源；利用大数据技术可以预测市场需求，智能调度仓储物流，减少滞销损耗，保障生鲜产品及时配送。

（5）环境风险应对。结合卫星遥感与气象预测技术，智慧农场能够提前防范极端天气。例如，暴雨预警可以自动启动排水系统，寒潮预警则能触发大棚保温功能，人工智能算法识别病虫害后可以启动定向喷洒生物农药功能，如图4-13所示，这样既能降低灾害损失，又能实现绿色生产。

图4-13　定向喷洒生物农药

3. 智慧农场的未来发展趋势

随着智慧农场在全球范围内的实践积累与技术迭代，其发展已从单点突破进入系统化升级阶段。未来，智慧农场将不再局限于提高效率，而是更加重视深度融合新兴技术、重构产业生态，催生全新的农业形态。以下是智慧农场的4个发展趋势。

（1）技术深度融合。各类技术将从独立运行转向深度协同，人工智能将作为核心枢纽，融合物联网、机器人控制与区块链，实现跨平台无缝交互。边缘计算与云端模型的动态分工，可在低延迟场景下实时响应，同时保障复杂算法的全局优化能力。技术的有机整合将催生更先进的自适应、自学习农业操作系统，减少人为干预需求。

（2）应用场景泛化。农业生产将进一步脱离对传统耕地和气候带的依赖，向立体空间、极端环境拓展。通过环境模拟技术与资源循环体系的创新，智慧农场可嵌入城市建筑、荒漠、深海甚至外太空等场景。

（3）生产模式变革。大规模标准化生产将转向灵活响应市场需求的动态模式。基于数字孪生与用户行为数据，智慧农场可动态调整种植计划、资源分配和加工流程，实现"按需生产"。资源利用从效率优先转向循环再生，如水肥能源的闭环流动、废弃物的生物转化，这些变化都将推动农业生产从线性消耗型向可持续自循环型演进。

（4）社会协作升级。智慧农场的深入应用，使农业数据与资源将在全球范围内开放共享，形成跨地域、跨产业的协作网络。区块链确保数据主权与利益分配透明，激励农户、企业、科研机构共同优化模型与解决方案。农业生产者角色从独立经营者转变为生态节点，既贡献本地数据又获取全球智慧支持，最终构建风险共担、知识共享的分布式农业共同体。

4.6.2　农业机器人

农业机器人是一种应用在农业生产领域的智能机器人，它可以由不同程序或软件控制，能适应各种作业环境，是先进的智能操作机械。随着智慧农场的不断普及和应用，各种新型的农业机器人应运而生，它们凭借高精度、高灵敏度和智能化的特点，为现代农业的发展注入新的活力。

1. 农业机器人的分类与应用

根据不同的维度，农业机器人可以分为不同类型，这里按核心功能的不同，将农业机器人分为种植与耕作类机器人、作物管理类机器人、收获与采摘类机器人、监测与巡检类机器人、畜牧养殖类机器人，具体如表4-3所示。

表4-3 不同功能的农业机器人

类别	细分类别	应用
种植与耕作类机器人	播种机器人	利用计算机视觉与精准控制算法,实现种子自动播种,确保播种均匀
	移栽机器人	结合图像识别与机械臂控制技术,自动完成幼苗移栽,提高移栽成活率
	耕作机器人	通过自动驾驶与传感器反馈,智能翻耕土地,优化土壤结构
作物管理类机器人	除草机器人	利用图像识别技术区分杂草与作物,精准除草,减少除草剂使用
	施肥机器人	基于土壤养分分析与作物需求算法,精准施肥,提高肥料利用率
	植保机器人	集成病虫害识别与喷雾系统,智能防控病虫害,减少农药浪费
收获与采摘类机器人	采摘机器人	运用计算机视觉判断成熟度,自动采摘果实,减少人工成本
	收割机器人	结合卫星定位导航与切割技术,高效收割作物,提高收割效率
	分拣机器人	利用机器学习分类算法,自动分拣农产品,提高分拣准确率
监测与巡检类机器人	巡检机器人	装备多光谱摄像头与传感器,实时监测农田状况,为决策提供数据支持
	巡田无人机	通过高空拍摄与数据分析,快速评估农田状况,指导农业生产
	地下机器人	采用土壤穿透雷达与计算机视觉,探测土壤结构与病虫害
畜牧养殖类机器人	挤奶机器人	结合计算机视觉与自动化控制,实现高效挤奶作业
	饲喂机器人	基于动物行为识别与精准投喂算法,实现科学饲养,提高养殖效率
	清洁与消毒机器人	利用智能导航与传感器技术,自动清洁农场和对农场进行消毒,保障卫生安全

2．农业机器人的技术模块

农业机器人的核心技术体系由多个高度协同的功能模块构成,这些模块如同"智能器官"般分工协作,每个模块均深度融合人工智能、机械工程、信息科学与生物农业等技术。

(1)感知模块。感知模块的作用是让农业机器人能"感知"周围环境,就像人类用眼睛看、用手触摸一样。其主要通过各类传感器和摄像头收集信息。例如,除草机器人依靠摄像头识别杂草位置,实现精准除草。

(2)导航与定位模块。导航与定位模块的作用是标明农业机器人位置并指导其行动,防止机器人迷路或撞到障碍物。其主要利用卫星定位、激光雷达和摄像头,实时绘制农田地图,并根据地图规划出行动路径。例如,自动驾驶拖拉机可以按照设定路线翻地,误差可以精确到2cm以内。

(3)控制与执行模块。控制与执行模块的作用是把系统命令变成实际动作,如移动、抓取、喷洒等。其主要使用机械臂和移动底盘,通过电机、液压系统实现精准控制。例如,葡萄采摘机器人用带软垫的机械手采摘葡萄串,不仅速度比人工采摘更快,而且不容易损伤果实。

(4)通信与数据传输模块。通信与数据传输模块的作用是让农业机器人和其他设备之间能够完成数据传输。其主要使用无线网络或专用信号传输数据。例如，多台农业机器人协作时，可以实现互相沟通，当某台机器人发现缺水区域时，便能立刻通知灌溉机器人前往浇水。

（5）决策与人工智能模块。决策与人工智能模块的作用是分析数据并完成决策。其主要利用人工智能算法来处理数据，自动完成决策任务。例如，智能灌溉系统可以分析天气和土壤数据，自动决定浇水量，比人工经验判断更高效。

（6）电源与能源模块。电源与能源模块的作用是为农业机器人提供能量，保证机器人能长时间工作。其主要使用电池、太阳能板或混合动力。例如，太阳能除草机器人充满电可连续工作8h，阴天也能靠电池持续工作。

3．农业机器人的未来发展趋势

农业机器人未来将朝着智能化、多功能化、轻量化以及环保化等方向迈进，通过融合先进的人工智能技术，实现农业生产的全面自动化和精细化管理，大幅提高生产效率与资源利用率，同时降低对环境的影响，促进农业可持续发展。

（1）智能化。农业机器人将深度集成人工智能技术，通过传感器和摄像头实时分析作物长势、监测土壤湿度及病虫害，进一步实现自主决策。例如，利用深度学习判断作物是否缺肥或缺水，并进行精准处理。

（2）多功能化。模块化设计可以使农业机器人通过更换不同配件完成翻地、播种、采摘等多种任务。另外，不同机器人通过物联网协同作业，如无人机与地面施肥机器人联动，形成全天候协作的"机器人战队"。

（3）轻量化。针对小块农田，未来有可能会出现更多"电瓶车大小"的轻便机器人，这类农业机器人价格低廉、操作简单，普及率能得到大幅提升。

（4）环保化。新能源驱动的农业机器人将得到普及，从而减少环境的污染。人工智能技术的发展可以让农业机器人更加精准地控制农药与化肥用量，仅对病变植株进行"靶向治疗"，从而大幅减少资源浪费。

4.6.3　智能生产线

智能生产线是现代工业特别是制造业中的一种先进生产模式，它借助人工智能、物联网、大数据等技术，将生产过程中的各个环节、各种要素进行深度互联和综合应用，旨在实现生产效率的最大化、生产成本的最小化以及产品质量的最优化。图4-14所示即某生产车间的智能生产线。

图4-14　某生产车间的智能生产线

1．智能生产线的特点

智能生产线充分体现出现代制造业的多学科（集成控制理论、信息物理系统、运筹学等）交叉特征，是具有自感知、自决策、自执行能力的先进生产方式，其主要具有以下特点。

（1）高度自动化运行机制。通过构建数学模型、应用控制理论及优化算法迭代，智能生产线可以实现生产流程的全链路自主调控。系统集成的机器人技术、传感器网络与自动化控制单元，在物料输送、加工装配等环节可以显著降低人工参与度，确保工艺参数（指生产过程中用于控制和优化生产质量的各种可调节的条件和设置）的精准执行与产品质量的稳定。

（2）数据驱动的智能决策体系。智能生产线基于工业物联网实时采集的海量生产数据，结合人工智能算法的多维度分析，形成动态决策模型，可自主调整工艺参数、调整生产节奏、预测设备质量等，能够提高生产系统的可靠性和资源利用率。

（3）模块化柔性生产架构。智能生产线采用可编程逻辑控制器与模块化设备组合，通过快速切换工艺参数与动态调整设备布局，实现多品种生产序列的无缝衔接，有效平衡规模化生产与定制化需求之间的矛盾，赋予生产线快速响应市场变化的敏捷性。

🗨 AI 拓展走廊

柔性生产是基于柔性制造理念，为适应市场需求和市场竞争而产生的市场导向型生产方式。柔性生产的目的是实现按需生产，即根据市场需求的实时变化，调整生产策略和流程，强调对资源的广泛协调，包括人力、物力、财力等，以确保生产过程的灵活性和高效性。通过快速响应市场需求，柔性生产能够提高设备利用率和员工劳动生产率，从而提高整体生产效率。

（4）协同化生产网络。依托工业互联网平台，智能生产线可实现设备之间数据的实时共享与任务协同调度。通过生产指令的智能分配与执行反馈机制，消除各工序间的衔接瓶颈，形成全局优化的生产节奏，能够提高系统整体的运行流畅度与资源调度效率。

（5）可持续生产优化模型。智能生产线集成能耗监控系统与环保工艺参数库，通过机器学习能够持续优化设备运行状态，在保证生产效率的同时，动态监控能源消耗废弃物产生的源头，达成经济效益与生态效益的协同提升。

2．智能生产线的构成

智能生产线主要由感知层、网络层、平台层和应用层构成。

（1）感知层。其通过传感器、计算机视觉、射频识别等技术收集生产设备和产品的实时数据，包括温度、压力、位置、状态等信息，为后续的分析决策提供基础。

（2）网络层。其利用工业以太网（基于以太网技术的工业级通信网络）、无线通信等技术将感知层收集的数据稳定、可靠地传输到上层系统，确保数据的流通和共享。

（3）平台层。其包含云计算、大数据处理等技术，存储、分析和挖掘海量数据，提取有价值的信息和知识，为智能决策提供依据。

（4）应用层。其基于平台层分析的结果，实现智能控制生产设备、优化调度生产计划、智能检测产品质量、智能管理能源以及智能监控和预警生产过程等功能。

3. 智能生产线的应用场景

在不同的工业生产中，智能生产线有不同的应用情况，这里以离散制造业、过程工业、食品饮料行业和物流仓储行业为例，说明智能生产线的应用情况。

（1）离散制造业

离散制造业以物理组件的装配加工为核心，生产过程呈现离散化、多工序特点，强调产品结构的可分解性与工艺路线的可重构性。

智能生产线通过模块化工作站与动态调度算法，可以构建快速切换工艺参数的柔性生产单元，且可以通过数字孪生技术实现物理空间与信息空间的实时映射，运用组合优化的理论解决多品种混流生产的资源冲突问题，确保设备利用率与订单交付率的平衡。

（2）过程工业

过程工业以连续物质转化过程为主导，强调对温度、压力、化学反应速率等过程参数的精确控制，具有强耦合性（即参数之间存在的动态关联性较强）、非线性特征。

智能生产线通过构建多维度传感网络与分布式控制系统，以微分方程建模的方式描述物质能量传递规律，采用模型预测控制理论实现关键参数的超前调节，可以保障连续生产过程的鲁棒性，达成质量指标与能耗指标的协同优化。

（3）食品饮料行业

食品饮料行业有严格的卫生标准与质量追溯要求，生产过程涉及物质状态转变，对微生物控制与包装完整性有特殊需求。

智能生产线可以建立基于热力学原理的杀菌工艺模型，通过传热系数实时计算优化杀菌温度和杀菌时间，并运用区块链技术构建不可篡改的数据溯源链，结合统计过程控制理论（一种借助数理统计方法实时监控和分析生产过程中的数据，识别并纠正异常波动，以保证产品与服务符合规定的质量管理技术）实现质量偏差的早期预警，确保产品安全性与批次一致性。

（4）物流仓储行业

物流仓储行业以空间资源优化与货物流转效率为核心，需处理高频次、多目标的存取任务，强调路径规划与库存动态匹配能力。

智能生产线可以构建三维仓储空间拓扑模型，通过蚁群优化算法（Ant Colony Optimization Algorithm）求解最优存取路径，分析设备协同作业瓶颈，实现库存分布的动态优化，达成存储密度、出入库效率与设备能耗最优的结果。

> **AI专家**　蚁群优化算法是一种模拟自然界中蚂蚁觅食行为的优化算法，主要用于解决组合优化问题，能够在大范围内搜索最优解。蚁群优化算法通过多个"蚂蚁"的并行搜索来提高求解效率，并能够根据不同问题自动调整搜索策略。

4. 智能生产线的未来发展趋势

未来，智能生产线将围绕深化技术融合与重构生产范式两大主线发展。通过集成人工智能、数字孪生、边缘计算等技术，生产线将突破传统自动化边界，具备自感知、自学习、自优化的类生命体特征，实现从"程序驱动"向"认知驱动"的跃迁。

（1）深化技术融合。未来智能生产线通过部署量子传感阵列（如纳米级振动传感器）与高光谱成像设备，形成覆盖物理空间与数字空间的多维度感知层，实现多模态感知网络的升级；机器学习将突破当前基于监督学习的控制模式，向因果推理与强化学习融合的认知架构转型，发展为具备物理规律约束的混合智能系统，实现自主决策系统的进化。

（2）重构生产范式。基于柔性化生产特征，未来智能生产线将具备拓扑重构能力，使柔性生产体系进一步成熟；推动服务化制造转型，形成"产品即服务平台"的新范式，实现服务化制造的升级。

💬 AI 拓展走廊

服务化制造是制造业与服务业深度融合的新型产业形态，其本质是通过重构价值链、整合服务要素，实现从"卖产品"向"卖价值"的转型升级。人工智能正在将服务化制造推向"制造即智能服务"的新高度，当人工智能模型能够自主发现服务价值缝隙并生成商业模式时，服务化制造将完成从"人工设计服务"到"智能服务"的质变。

4.6.4 工业机器人

工业机器人是广泛应用于工业领域的多关节机械手或多自由度的机器装置，是一种能通过编程和自动控制执行特定任务的机电一体化设备，可依靠自身的动力能源和控制能力实现各种加工和制造功能，被广泛应用于电子、物流、化工等领域。

AI资源链接

工业机器人的
发展过程

1. 工业机器人的特性

工业机器人因其独特的技术特性，成为现代工业的核心装备，其主要具有以下特性。

（1）可编程性。工业机器人的可编程性使其具备卓越的适应能力，通过修改控制程序或更换末端执行器，如夹具、焊枪等，同一台机器人能快速切换至执行搬运、装配、检测等不同任务，大幅提升生产线的柔性化水平。

（2）拟人化。工业机器人的拟人化设计赋予了机器人类似人类的操作能力，如多关节机械臂模仿人类手臂的屈伸和旋转动作，结合触觉传感器、视觉传感器等，机器人可以精准感知环境变化并调整动作轨迹，能有效避开障碍物或智能调整位置误差。

（3）通用性。工业机器人可以覆盖搬运、喷涂、打磨等数十种工序，横跨制造业、电子行业和物流等多个行业。

（4）智能化。工业机器人的智能化特性是推动机器人向更高层级进化的关键。第三代工业机器人集成视觉识别传感器、力控反馈传感器等，结合人工智能算法实现了自主决策，显著提高了生产效率和工艺质量。

2. 工业机器人的组成

工业机器人之所以能够完成复杂作业并持续迭代升级，这与它的物理构造和组成部分密切相关。总的来看，工业机器人一般包括机械本体、驱动系统与控制系统3个部分。

（1）机械本体

机械本体是工业机器人的物理骨架，由基座、关节、机械臂和末端执行器组成，如

图4-15所示。基座作为固定或移动的支撑平台，为机器人提供稳定性和空间定位基础；多段机械臂通过多个旋转或平移关节连接，使机器人能够在三维空间内灵活运动；末端执行器是直接与作业对象交互的部件，如夹爪、焊枪或吸盘等。这种模块化设计允许工业机器人快速更换部件以适应不同的工业生产任务。机械本体的材料和结构直接影响工业机器人的负载能力与精度。例如，碳纤维臂体可兼顾轻量化与高强度，适用于快速搬运货物的场景。

图4-15　工业机器人的机械本体

（2）驱动系统

驱动系统由伺服电机、减速器和传动装置构成，是工业机器人动作精确的保障。伺服电机通过闭环反馈机制实现高精度转速与扭矩控制；减速器则放大伺服电机输出力矩并降低转速，确保低速重载下机械臂平稳运动，如在汽车焊接中，减速器需承受高频振动并保持微米级重复定位精度；传动装置作为连接电机输出端与机械关节的关键部件，承担着动力传输、运动形式转换和精度保障的多重作用。需要注意的是，现代工业机器人的驱动系统还可能集成温度传感器、振动传感器，以便实时监测设备状态、预防故障，并通过轻量化设计提升能效比。

（3）控制系统

控制系统是工业机器人的"大脑"，主要包含硬件控制器、软件算法和实时通信模块等部分。硬件控制器基于高性能处理器解析任务指令；软件算法通过运动学建模和路径规划算法生成关节轨迹，并协调多轴同步运动；实时通信模块是保障多设备协同与毫秒级响应的关键，直接决定机器人的协作效率和场景适应性。

3．工业机器人的类型

按运动形式的不同，工业机器人可以分为直角坐标型机器人、圆柱坐标型机器人、球（极）坐标型机器人、关节型机器人等不同类型。

（1）直角坐标型机器人。直角坐标型机器人（见图4-16）也称为笛卡儿坐标型机器人，其结构类似于笛卡儿坐标系。这类工业机器人适用于搬运等平移运动，具有定位精度高、占地面积较大、运动范围有限等特点。

（2）圆柱坐标型机器人。圆柱坐标型机器人的结构类似于圆柱坐标系。它有一个旋转的垂直轴和一个沿垂直轴移动的线性轴，如图4-17所示。这类工业机器人适用于搬运、装配等场合，具有较大的运动范围和较高的定位精度。

（3）球（极）坐标型机器人。球（极）坐标型机器人的结构类似于球坐标系。它具有一个旋转的基座、一个沿基座垂直方向移动的垂直轴和一个绕垂直轴旋转的关节，如图4-18所示。这类工业机器人适用于喷涂、焊接等场合，具有较好的灵活性和较大的工作空间。

（4）关节型机器人。关节型机器人又称多关节机器人，其结构类似于人类手臂。它由多个关节组成，可实现复杂的运动轨迹，如图4-19所示。这类工业机器人广泛应用于工业自动化的各个领域，具有很高的灵活性和适应性。

图4-16 直角坐标型机器人

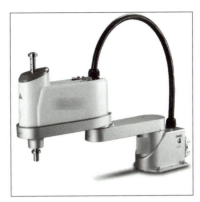

图4-17 圆柱坐标型机器人

图4-18 球（极）坐标型机器人

图4-19 关节型器人

4．工业机器人的应用场景

工业机器人的应用场景十分广泛，从汽车制造到食品加工，工业机器人具备精准执行、环境适应性强、数据互联等能力，不仅提高了工业生产的效率，还能胜任人工难以完成的高危、高精度任务，推动产业向安全化、绿色化、智能化升级。

（1）汽车制造。在汽车制造中，工业机器人已渗透到全流程核心环节。例如，焊接工序采用机器人集群作业，通过激光传感器实时校准焊缝位置，单台机器人每小时可完成超过200个车身焊点，精度误差很小，可显著提高车身结构强度的一致性；在总装线上，协作机器人与工人协同作业，利用柔性夹爪精准装配发动机精密部件，避免传统刚性夹具可能造成的零件划伤；涂装机器人配备多轴喷枪和空气动力学仿真系统，能根据车身曲面自动调整喷涂距离与涂料流量，提高漆面厚度的均匀性，同时减少涂料浪费。

（2）电子行业。电子行业对精度与洁净度有比较严格的要求，但微型化、高速化的工业机器人同样可以较好地完成任务。例如，在手机主板贴片生产线中，工业机器人的视觉定位系统通过深度学习算法可以很好地识别元件，能够以较快的速度将电容精准贴装到线路板上；在芯片测试环节，工业机器人配合红外热成像仪，可在极短的时间内完成芯片通电检测并筛选出热分布异常的不良品；在柔性电路板装配中，双臂工业机器人可以通过触觉反馈模拟人手"搓捻"动作，将柔性屏幕无损伤地嵌入手机边框，攻克了传统机械臂无法应对的软质材料装配难题。

（3）物流仓储。现代物流中心可以通过"机器人集群+数字孪生"实现全流程无人化。例如，搬运机器人搭载定制的导航系统，可以在动态环境中实时规划路径，将货架从立体仓库运送至拣选站；分拣机器人则采用并联结构设计，通过吸盘或柔性夹爪分拣包裹；在生鲜冷链场景中，耐低温机器人能在 $-25℃$ 环境下连续作业，完成冻品装箱与堆垛，避免人工操作时影响环境温度而影响产品质量。

（4）化工行业。在化工生产中，机器人可以替代工人进入易燃、易爆、强腐蚀性环境工作。例如，在反应釜清洗作业中，防爆型轨道机器人通过高压水枪清除残留物，其钛合金机身可耐受各种强酸强碱环境；在有毒气体泄漏应急处理时，履带式机器人携带机械臂与激光气体检测仪，可以深入泄漏区域快速关闭阀门，并通过5G网络将气体浓度数据回传至控制中心。

（5）食品加工行业。在食品加工行业中，工业机器人一般采用不锈钢机身与无缝隙设计，以便在工作中满足卫生认证标准。例如，在饮料灌装线上，工业机器人可以按每分钟300瓶的速度完成灌装、旋盖、喷码工序，并利用近红外光谱仪抽检液体容量；在烘焙车间中，带有视觉识别功能的机器人可精准抓取柔软的面团，通过力度控制将其塑造成标准形状，避免传统机械挤压导致的质地破坏；在产品质检环节，搭载高光谱相机的工业机器人能在0.5s内检测出食品中的异物，如金属碎片或虫体等，大幅度提高检测精度。

5．工业机器人的未来发展趋势

在工业机器人已深度融入工业制造的当下，其正从单一自动化向系统化、智能化方向加速转变。未来，随着人工智能、新材料等技术的不断进步，工业机器人可能会呈现以下发展趋势。

（1）智能化与自主决策能力升级。下一代工业机器人将嵌入多模态融合感知系统，能够实时解析作业环境的物理特征与动态变化。结合深度学习算法与数字孪生技术，机器人能够在毫秒级时间内完成动态规划任务路径与自适应调整异常工况。此外，基于强化学习的自主优化算法，机器人将具备持续迭代工艺参数的能力，从而在焊接、抛光等复杂工艺中突破效能瓶颈。

（2）人机协作与群体协同深化。协作机器人将向"群体智能化"方向演进，轻量化碳纤维机身与低功耗驱动技术的结合，在保证机器人负载能力的同时，可以降低机器人的运动惯性，从而在狭窄空间内实现更灵活的交互。在安全防护层面，工业机器人将集成生物电传感层与动态力控算法，通过实时监测人体生物信号预判接触风险，并触发微秒级制动响应。在群体协同层面，基于超低延迟通信协议，工业机器人可实现跨设备、跨工位的精准同步控制，更高效地完成协同作业。

（3）柔性化重构与模块化普及。工业机器人将打破固定形态的物理限制，未来的仿生关节设计与可变形材料将重构机器人形态。例如，采用仿生肌腱驱动结构的机械臂可模拟人类肌肉的柔顺特性，在搬运易碎品时主动抑制振动。工业机器人的模块化设计将更加普及和深入，可能出现模块化的关节单元，以便支持机器人的快速拆装重组，配套的开放式软件生态也将向机器人提供标准化编程接口与可视化编程工具，用户可以通过"功能模块库"自由组合将要赋予机器人的能力，实现"即插即用"的个性化配置。

（4）场景创新与绿色化转型。工业机器人的应用范畴将进一步从传统制造场景向全产业链延伸，各种耐极端环境的工业机器人将能够完成人类无法完成的作业。在绿色技术层面，工业机器人可能实现能源回收、生物降解等功能，并通过智能调度算法优化生产能耗。借助模块化技术的发展，工业机器人拆解后也可以实现精细化资源回收，减小工业体系的环境负荷。

• AI 思考屋 °○○○○ ○ ○ ○ ○ ○ ○ ○ ○ ○ ○

工业机器人在提高生产效率、降低成本、提高产品质量、改善工作环境等方面都具有显著的优势，甚至还能完成一些人类无法完成的高危工作。那么它有缺点吗？或者说它是否也面临一定的挑战？请通过查阅资料思考上述问题。

4.7 课堂实践

4.7.1 打造未来的智能穿戴设备

1. 实践目标

科学的发展离不开丰富的想象力。从古至今，无数伟大的科学发现和技术革新都源自科学家们超越常规、勇于探索未知的非凡想象力。这种想象力不仅激发了科学家们的创造力和好奇心，还为他们提供了源源不断的灵感和动力，引领科学不断向更高、更远的领域迈进。本次实践需要我们大胆地发挥想象力，以智能穿戴设备和人工智能技术等相关知识为基础，打造出更加先进的智能穿戴设备。通过实践，读者可以更好地理解如何将人工智能技术应用到具体的场景中。

2. 实践内容

本次实践可以自行定义智能穿戴设备的用户群体，如火星移民者、元宇宙设计师、海底开发人员等，然后针对选择的用户群体打造专属的智能穿戴设备并提交相应的说明方案。这里以未来社会的独居老人为例，为这类用户群体设计一套共生型健康监护衣，具体方案如下。

未来智能穿戴设备说明方案：共生型健康监护衣

20××年，全球老龄化程度加剧，独居老人数量激增，慢性病管理与紧急救援成为社会性难题。75岁独居老人卢女士，患高血压与轻度阿尔茨海默病，她需要实时健康监测、药物提醒及跌倒应急响应等服务。为更好地关怀以卢女士为代表的这类特殊群体，我们设计出一款共生型健康监护衣，下面简要说明此智能穿戴设备的情况。

一、核心技术整合与功能设计

这款智能穿戴设备的核心技术包含纳米机器人、柔性生物电路和分布式脑机接口。

（1）纳米机器人。嵌入衣物的万亿级纳米机器人集群，通过皮下渗透实时监测血压、血糖、脑电波等的情况。

（2）柔性生物电路。柔性生物电路采用石墨烯-水凝胶复合纤维，作为传感器与供能回路，利用体热差自发电，日均发电至少5W。

（3）分布式脑机接口。分布式脑机接口位于领口处，设计为非侵入式电极阵列，用来解析脑电信号中的紧急求助意图，如"摔倒后意识模糊时的SOS信号"。

二、核心功能

这款共生型健康监护衣可以提供以下功能。

（1）主动健康干预。纳米机器人根据血糖波动自主释放微剂量胰岛素，提高注射精度。检测到血压骤升时，衣内微型气囊对特定穴位加压，降低中风风险。

（2）智能应急响应。跌倒瞬间触发监护衣三维姿态感知，监护衣结合脑电信号确认意识状态，若10s无响应则自动呼叫社区机器人救援；通过衣内量子加密链路直连急救中心，传输实时生命体征与病史数据。

（3）认知辅助。衣领触觉反馈模块以振动频率编码日程提醒，如"高频短振：服药时间"，避免声光提醒对用户的干扰。监护衣基于脑电波标记重要物品位置，如当老人凝视衣柜时，衣内AR投影自动高亮提示钥匙所在位置。

三、伦理风险与应对策略

为防止滥用生命数据，以及过度依赖技术等伦理风险，我们还制定了相应的应对策略。

（1）生命数据滥用

纳米机器人持续获取超敏感生物数据，可能被保险公司用于歧视性定价。为防止产生这类风险，我们将数据设置为全程本地加密存储，仅紧急情况下可通过"数字遗嘱"协议授权医疗机构读取。同时引入区块链技术，用户可追溯数据被访问的全记录。

（2）过度技术依赖

老人的子女可能会因为设备的存在而减少探视次数和时间，这可能会加剧老人的情感孤立。为防止产生这类风险，我们在该款智能穿戴设备中内置了"亲情触发器"，当系统检测到72h无真人交互时，会自动生成虚拟家宴场景并提醒子女。

四、总结

本款智能穿戴设备通过"纳米—生物电—脑机"三重技术闭环，实现"无感化"精准监护，能够有效降低独居老人的意外发生率，减少公共医疗支出。从关爱老人的角度出发，该设备已经从"健康监测工具"升级为"生命共生系统"，在技术可行性与人文关怀之间取得平衡，为老龄化社会提供可落地的解决方案。

4.7.2　探讨智能教育的利弊

1．实践目标

近年来，智能教育的应用普及率得到显著提高，仅科大讯飞的教育大模型就已在超过5万所学校试点，智慧课堂覆盖1400多万名师生。与此同时，各大科技企业纷纷布局智慧教育，提供了众多智慧校园整体解决方案。智能教育展示出强劲的发展势头。

本次课堂实践将通过探讨的方式来讨论智能教育的利弊，探究智能教育技术对教育公平、教学效率和学生发展的影响，分析人工智能、云计算等技术在教育场景中的具体应用与潜在风险，并尝试提出平衡技术创新与教育发展的实践路径。

2．实践内容

本次探讨可以分为4个方面，具体内容如下。

1．智能教育的核心优势

从个性化学习、资源普惠、教学增效等角度讨论智能教育的优势。

（1）个性化学习。通过智能平台分析学生数据，动态调整学习路径，如强化知识薄弱点、拓展兴趣领域。

（2）资源普惠。依托云计算打破地域限制，使偏远地区的学生能够获取课程与虚拟实验室资源。

（3）教学增效。利用智能管理系统自动化批改作业、生成学情报告，减少教师机械劳动。

2. 智能教育的关键挑战

认识到智能教育可能存在的缺陷或面临的挑战。

（1）技术依赖风险。过度使用智能设备可能导致学生注意力分散，如课堂游戏化功能是否影响学生的专注度，以及是否会弱化学生独立思考的能力。

（2）伦理与隐私问题。学习数据，如身份信息、行为轨迹等数据是否会泄露，应当如何避免产生这种风险。

（3）实施成本与公平性。硬件投入与教师培训成本是否会加剧教育资源分层，导致部分学校因经费不足难以实现智能教育落地。

3. 实践案例分析

通过搜集真实的智能教育实践案例，分析智能教育应用后的利弊。

（1）某高校试点智能教室后，学生成绩标准差缩小15%，但40%教师反映技术操作负担加重。

（2）VR化学实验教学使抽象概念理解率提升32%，但12%学生出现3D眩晕症状。

4. 优化策略建议

根据探讨出的结果，给出合理的优化建议，示例如下。

（1）建立"人机协同"教学模式。教师主导教学设计，人工智能负责数据监测与重复性任务。

（2）制定技术使用规范。如考试场景禁用实时翻译功能，保障纸质阅读能力。

（3）开展师生数字素养培训。如培养数据安全意识、技术批判性应用能力。

4.7.3 设计智能农业种植大棚

1. 实践目标

本次课堂实践的目标是设计一个由人工智能驱动的农业种植大棚，实现全闭环农业环境控制，通过高精度传感器网络、深度学习算法和智能执行设备，确保动态优化农作物生长环境。具体要求大棚涵盖环境监测、资源调配、风险预警等功能。

2. 实践内容

本次课堂实践的参考方案如下。

智能农业种植大棚设计方案

1. 系统架构

（1）感知层

① 空气参数监控：监控空气温度、湿度、CO_2浓度。

② 土壤参数监控：监控土壤湿度、温度、电导率、pH值。

③ 光照参数监控：监控光照强度、光谱分布。

④ 气象数据联动：接入外部气象站数据，监控风速、降雨量。

⑤ 病虫害识别：部署高清摄像头和边缘计算模块，实时分析叶片图像。

⑥ 生长阶段判断：基于图像识别与传感器数据融合，监控并分析农作物的生长情况。

（2）决策层

① 建立农作物专属模型：预设多种常见农作物生长资料库。

② 多参数协同：使温度调节、通风、遮阳、灌溉等装置和设备通过物联网联动。

③ 灌溉预测：使用人工智能算法分析土壤湿度趋势，提前12h触发灌溉系统。

④ 病虫害预警：使用图像识别和环境异常识别进行病虫害预警。

（3）执行控制层

① 水肥一体化：使用电磁阀和滴灌系统的组合，按电导率和pH值动态调节营养液配比。

② 定向喷药：使用靶向喷雾机，对感染区域喷洒农药。

③ 太阳能供电：使用光伏板与储能电池的组合收集太阳能为大棚供电。

（4）数据管理与扩展

① 区块链存证：使用区块链技术保存灌溉和施肥记录，确保农业操作可追溯。

② 模块化扩展：支持以即插即用的方式接入新设备，如紫外线传感器监测霉菌风险等，以便更好地扩展智能大棚的功能。

③ 多终端交互：数据可以在多种终端同步使用，遇到报警时数据可以同步推送至多个终端。

2. 关键技术实现

（1）当温度高于30℃且湿度高于85%并持续30min后，自动启动风机和顶窗通风，关闭内循环喷雾。

（2）当自然光光照强度小于15lx且持续阴天数量超过1天，自动开启LED补光灯。

（3）当土壤盐渍化电导率大于2.5S/m（西门子/米）且pH值小于6.0，自动启动淋洗灌溉，注入pH值调节液。

（4）每50m²部署1组土壤传感器，每200m²部署1台智能喷药机。

3. 数据流与安全

（1）传输加密：传感器数据采用加密的方式上传。

（2）边缘计算：摄像头数据处理主要集中在本地设备，仅上传预警结果，提高处理效率。

（3）冗余设计：采用双服务器，即云端与本地服务器组合的方式，确保断网时维持基础控制。

知识导图

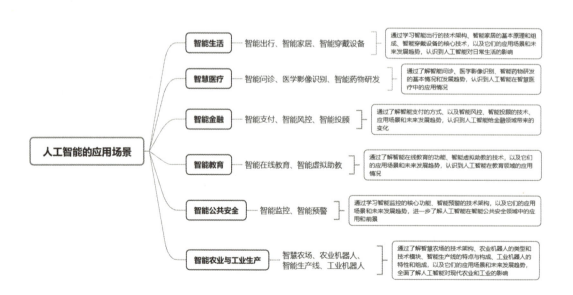

人工智能素养提升

培养协作与沟通能力

协作与沟通能力是人工智能领域实现技术落地和创造社会价值的重要驱动力。在人工智能开发的过程中，几乎不存在完全由个人独立完成的场景。以医疗影像人工智能系统为例，算法工程师需要与放射科医生深入沟通，理解医学诊断的底层逻辑和临床痛点；数据科学家需要与法律顾问协作，确保患者隐私合规处理；产品经理则需要协调技术团队与医院管理部门的需求差异。这种跨领域的协作要求从业者既能精准传递技术细节，又能将专业术语转化为通俗的表达。若缺乏有效沟通，可能导致技术方案偏离实际需求或引发伦理风险。

要想有效地提升协作与沟通能力，我们需要进行系统性的实践训练。首先，我们可以通过参与跨学科项目积累经验，如在课程设计中主动组建包含不同专业背景的人员团队；在开发智能客服系统时与语言学、心理学专业成员协作，共同设计对话逻辑和情感分析模块。其次，我们需要学会使用协作与沟通的工具，如通过流程图解释算法架构、使用混淆矩阵展示模型性能等。

更重要的是，我们应当积极培养正确的沟通思维，如在讨论技术方案时，既能从工程师的视角讨论与分析算法复杂度，也要从产品经理的视角来沟通和评估用户体验，更要具备向非技术人员解释某种人工智能算法工作原理的表达能力。此外，主动寻求多元反馈并改进沟通策略，也是突破个人认知局限的有效路径，有利于培养我们从全局和团队的角度去思考问题并进行沟通和交流的能力。

当我们具备这些能力并能很好地融会贯通后，这将帮助我们在人工智能时代既成为技术创新的推动者，又能担当跨领域协同的桥梁角色。

思考与练习

1. 名词解释

（1）出行即服务 （2）智能风控
（3）智能投顾 （4）智能监控
（5）智能生产线

2. 单项选择题

（1）能够构建城市级数字孪生模型，并且是大数据与云计算在智能出行中的创新应用的技术是（ ）。
　　A. 车辆互联　　　B. 设备协同　　　C. 交通孪生　　　D. 用户画像
（2）在智能家居的组成部分中，起到用户与智能家居系统进行交互作用的是（ ）。
　　A. 主控设备　　　B. 传感器　　　C. 执行器　　　D. 控制终端
（3）下列选项中，不属于智能穿戴设备的是（ ）。
　　A. 电子手表　　　B. 心电图手表　　　C. AR眼镜　　　D. 智能戒指
（4）以下关于智慧医疗的表述中，正确的是（ ）。

  A．智慧医疗的目的是提高医疗服务的效率和质量，降低医疗成本，为人们提供更加便捷、安全的医疗服务

  B．智能问诊只能实现问诊前借助症状图谱向患者推荐合适的科室这一功能

  C．医学影像识别能够检测与定位病灶，但无法分辨疾病的级别

  D．研发智能药物时，人工智能可以提高药物设计效率并优化药物分子结构，但尚无法发现新的药物靶点

（5）被认为是目前较安全的且利用眼睛来进行识别的生物识别技术是（　　）。

  A．人脸识别支付　　　　　　　　　　B．指纹识别支付

  C．虹膜识别支付　　　　　　　　　　D．掌纹识别支付

（6）下列选项中，不属于智能虚拟助教的应用场景的是（　　）。

  A．全天候智能答疑　　　　　　　　　B．教育课程开发

  C．自动化作业批改与反馈　　　　　　D．个性化学习引擎

（7）智能预警的技术架构不包括（　　）。

  A．数据采集　　　B．分析决策　　　C．响应处置　　　D．实时监控

（8）下列选项中，不属于智慧农场未来发展趋势的是（　　）。

  A．技术深度融合　　　　　　　　　　B．应用场景泛化

  C．生产模式变革　　　　　　　　　　D．土地资源稀缺

（9）下面列举的几种农业机器人，其中不属于作物管理类机器人的是（　　）。

  A．耕作机器人　　　　　　　　　　　B．除草机器人

  C．施肥机器人　　　　　　　　　　　D．植保机器人

（10）智能生产线的基本构成不包括（　　）。

  A．感知层　　　B．网络层　　　C．应用层　　　D．数据层

3．简答题

（1）简述智能出行的应用场景。

（2）从技术架构的角度，简述智能家居的基本原理。

（3）简述智能风控的核心支撑技术。

（4）简述智能顾投的未来发展趋势。

（5）简述智能监控的应用场景。

（6）简述农业机器人包含的技术。

（7）简述工业机器人的组成。

4．能力拓展题

  随着全球汽车产业加速向电动化、智能化转型，国内某汽车配件制造企业面临多重挑战，一是客户对配件的交付周期、质量一致性及柔性化生产能力的要求显著提高；二是传统生产线依赖人工经验，设备故障频发导致产能波动；三是客户定制化需求激增，现有生产线难以快速切换生产不同型号的配件。因此，该企业决定投资建设智能生产线，请根据所学的知识，为该企业将要组建的智能生产线出谋划策，解决企业现有的问题。

第 5 章

AIGC 工具的应用

本章导读

AIGC 从诞生开始，便以极快的速度重塑现代社会的学习与工作方式，其价值与影响已渗透至人类活动的各个领域。它可以快速缩短从创意构思到实践应用的周期，使普通用户也能以自然语言指令完成专业级图文创作、音视频制作，甚至完成编程与 3D 建模工作，这种"零门槛创新"的方式降低了创作门槛，让普通用户也能成为数字内容的创作者。

本章将从基础认知开始，介绍 AIGC 的基础知识，以及 AIGC 工具的基本使用方法。接着，将全面介绍各种 AIGC 工具的具体应用，涉及文本、图像、音频、视频、办公等领域。此外，还将重点介绍 DeepSeek 的使用方法以及 DeepSeek 与其他工具组合使用的操作。

课前预习

学习目标

知识目标

（1）熟悉AIGC的含义、发展历程、应用领域和基本用法。
（2）掌握AIGC工具生成文本、图片、音频与视频的方法。
（3）掌握利用AIGC工具辅助办公的方法。
（4）掌握DeepSeek的基本用法以及它与其他工具组合使用的方法。

素养目标

（1）意识到原创性的重要性，避免抄袭或滥用信息，尊重他人的知识产权。
（2）培养创新意识，积极利用AIGC探索新的创作路径和表达方式。
（3）善于合理利用AIGC工具提升学习与工作的效率。
（4）进一步培养想象力和创造力，充分利用AIGC工具创作出精彩的作品。

引导案例

AIGC技术让历史人物"重生"

2025年，随着AIGC技术的突破，网络上掀起了一股利用AIGC技术"复活"历史人物的热潮。孔子、诸葛亮、成吉思汗、亚里士多德、苏格拉底等名人纷纷"走出"课本，以生动立体的形象呈现在大众面前，迅速引发人们的广泛关注。视频中，孔子"站"在我们面前正侃侃而谈他的教育理念；诸葛亮以他经典的"羽扇纶巾"的形象向我们大谈"三足鼎立"；成吉思汗跨上战马，重现草原征战的雄姿……这些都得益于AIGC技术的应用，它不仅赋予了历史人物鲜活的面容、灵动的姿态，还触动了众多网络用户的情感。图5-1所示为AIGC技术"复活"的历史人物。

图5-1　AIGC技术"复活"的历史人物

历史人物的"复活"一方面得到了人们的广泛好评，另一方面也出现了各种质疑。部分用户认为历史人物被过度创作，与史书上的记载严重不符。另外，一些网络平台甚至还出现了使用"复活"的历史人物推荐产品、直播带货等娱乐化内容，被部分网友批评为"消解历史严肃性"等。

随着AIGC技术的不断发展，各种工具层出不穷，这些工具既方便我们创作，同时又容易产生各种伦理问题。如何合理地使用AIGC技术，是我们应当着重思考的问题。

【案例思考】

（1）AIGC技术是如何"复活"历史人物的？

（2）我们应当怎样合理地看待并使用AIGC技术来"触摸"历史？

5.1　认识AIGC

人工智能生成内容（Artificial Intelligence Generated Content，AIGC）的诞生是人工智能领域的一个重要里程碑，它代表着人工智能从传统的分析、理解任务向创造、生成任务的转变。2022年，OpenAI公司推出的ChatGPT，标志着AIGC在自然语言处理领域取得了重大突破，其强大的生成能力、上下文理解能力等被用户认可和接纳，并得到广泛应用。

5.1.1　AIGC概述

AIGC是指基于生成对抗网络、大型预训练模型等人工智能技术，通过对已有数据的学习和识别，生成相关内容的技术。AIGC的出现，引领着人工智能领域的新一轮变革，AIGC实现了从简单文本到复杂多媒体内容的全面自动生成。其主要特点如下。

（1）自动化生成。AIGC能够自动解析用户指令，快速生成所需内容，省去烦琐的人工编辑环节，从而极大地提高创作效率与灵活性。

（2）创意驱动。借助人工智能的学习与优化能力，AIGC能够持续探索新的创作路径，生成独具匠心、引人入胜的内容，满足用户日益增长的个性化需求。

（3）全方位展示。无论是静态图片、动态视频，还是音频、代码，AIGC都能为用户提供丰富的内容体验。同时，AIGC还能根据用户反馈实时调整内容策略，确保内容与用户需求达到最佳契合度。

（4）持续进化。依托大数据与云计算的强大支撑，AIGC能够不断吸收新知识、优化算法模型，实现内容与技术的双重迭代升级。

5.1.2　AIGC的发展历程

AIGC的发展历程可以分为萌芽、积累与快速发展3个阶段，在不同阶段AIGC有不同的应用，并逐步发展。

1. 萌芽阶段（20世纪50年代～20世纪90年代初期）

20世纪50年代，随着计算机科学的初步建立，人类开始探索机器模仿人类智能的可能性，AIGC的雏形也悄然孕育。然而，由于当时的科技水平限制，尤其是算力与算法设计的局限，AIGC的应用仅限于实验室内的小规模实验，难以拓展到更广泛的领域。这一阶段，科学家们主要在探索理论框架与技术路径，为后续的突破奠定基础。

2. 积累阶段（20世纪90年代中期～21世纪10年代初期）

进入20世纪90年代中期，随着互联网技术的兴起与计算机性能的显著提升，AIGC迎来从理论到实践的转变。尽管此时的算法尚不足以支撑直接的内容生成，但AIGC已经开始在辅助创作、信息检索等领域展现出潜力。这一时期的AIGC主要扮演"幕后英雄"的角色，通过优化流程、提高效率等方式，为内容创作提供间接支持。随着技术的不断积累，人们逐渐意识到，AIGC的潜力远不止于此。

3. 快速发展阶段（21世纪10年代中期至今）

进入21世纪10年代中期，随着深度学习的突破性进展，特别是生成对抗网络的问世，AIGC迎来前所未有的发展机遇。这一技术革新打破了AIGC内容生成的瓶颈，使得AIGC能够创造出逼真且多样的文本、图片乃至视频内容。

近年来，AIGC的应用场景日益丰富，从最初的企业级服务逐渐渗透到用户端市场，使普通用户也能轻松上手。这一转变不仅降低了内容创作的门槛，还激发了大众的创作热情，推动了文化产业的多元化发展。

5.1.3　AIGC的应用领域

AIGC以其强大的内容生成能力，在多个维度拓展应用边界，覆盖众多的产业和领域。常见的AIGC应用领域有以下4种。

（1）文本生成与辅助创作。在文本生成领域，AIGC成为内容创作者不可或缺的得力助手，其强大的文本生成能力，不仅能提高内容创作的效率，还能为创作者提供全新的创作路径和灵感源泉。

（2）图片生成与调整。借助深度学习算法，AIGC能够根据文字、图片等内容生成所需的图片，用户只需提供简单的描述或一幅基础原图即可。此外，AIGC在图片修复、色彩调整等方面也展现出卓越的能力，为视觉创意行业带来前所未有的便利。

（3）音视频生成与编辑。从音乐创作、语音合成到视频剪辑、特效制作，AIGC正逐步取代传统的人工操作。AIGC不仅可以根据情感分析生成符合情绪变化的背景音乐，或基于文本描述生成自然流畅的语音播报，还可以根据描述生成动态视频，也可以将图片转换为视频。

（4）代码生成与软件开发。通过自然语言处理技术，开发者可以使用自然语言向AIGC工具描述需求，AIGC就能自动翻译并生成相应代码，这大大简化了编程流程，提高了开发效率。此外，AIGC还能辅助进行代码审查、优化代码结构、预测潜在漏洞等，保障软件开发质量。

5.1.4　AIGC工具的基本用法

使用AIGC工具时，只有掌握其基本的使用方法，才能让AIGC工具生成符合需求的内容。

1. 明确目标

明确目标是提问的基础，向AIGC工具提问前，用户应当明确希望AIGC工具帮助解决的问题，如获取信息、生成文案、设计图片等，目标越具体，AIGC工具生成的内容越能满足需求。提问时应使用简洁明了的语言描述目标，避免使用模糊或有歧义的表述。例如，如果用户想知道如何提高编程技能，应该直接问："你可以向初学者提高Java编程技能提供哪些具体建议？"而不是模糊地问："如何学习编程？"

2．细化要求

有明确的目标后，还需要细化要求，让AIGC工具更加明确需要生成的具体内容。例如，可以列出希望包含的关键信息点或讨论的话题，指定内容的语言风格，使用简洁明了的语言来描述需求，避免复杂和冗长的句子结构等，这些细化的要求有助于引导AIGC工具生成更有针对性的内容。例如，科技新闻稿的提示内容可以为"新闻稿应包含人工智能在医疗诊断中的新突破，以及这些技术如何改善患者的生活质量。字数控制在800字左右，风格正式"。

> **AI专家**
>
> 细化要求在一定程度上也可以理解为设定约束条件，如避免使用某些词汇、保持内容的原创性，以及限制字数和规定语言风格等，这实际上也是对生成的目标内容设定一定的条件。要求越详细，或者说约束条件设置得越具有针对性，生成的内容就越符合预期。

3．提供背景信息

为AIGC工具提供足够的背景信息，使其能够更好地理解问题并提供答案。例如，如果要求生成关于特定公司的市场分析报告，应提供该公司的基本信息、行业背景等。又如，需要AIGC工具提供解决计算机问题的方案，应该具体说明："我的笔记本计算机（包括具体型号）无法启动，显示错误代码为××，我之前尝试了××解决方案，请问应当如何解决？"如果可能，还可以向AIGC工具提供相关的参考资料或链接，帮助AIGC工具更好地理解问题并生成准确的内容。

4．持续优化与反馈

当AIGC工具生成的答案无法满足需求时，可以使用不同的方式来反馈得到的信息，让AIGC工具进一步优化答案。例如，向AIGC工具提问："请详细阐述可持续城市发展的未来趋势。"如果答案被截断或不够详细，可以使用"继续"指令反馈："请继续描述可持续城市发展的未来趋势，特别是在智慧城市方面。"如果我们想要从另一个角度了解问题，可以使用"切换"指令反馈："现在，请从能源利用的角度来阐述可持续城市发展的未来趋势。"如果答案中存在错误或误导性信息，可以直接纠正："你提到的与绿色建筑相关的信息是不准确的，请提供正确的信息。"

5．其他技巧——提示工程的应用

提示工程（Prompt Engineering）是自然语言处理领域的一种技术，其目的是通过探索最优化的输入形式，帮助模型从训练数据中提取知识并生成高质量内容。它要求深入理解模型的工作原理、任务特性和用户需求，通过调整提示的词汇、语境、格式等要素，使模型更接近人类解决问题的逻辑。以下是一些常用的提示工程的提问公式，掌握这些提问公式可以更好地与AIGC工具进行交互并得到高质量的结果。

（1）角色扮演公式

此公式可以通过角色限定，约束生成内容的专业边界，避免通用化回答，适用于医疗咨询、法律建议、教育辅导等专业领域。公式的提问结构如下。

"你是一位[角色]，请以[专业领域/特定对象]视角完成以下任务：[具体指令]"

举例如下。

你是一位资深营养师，请为糖尿病患者设计一份一周早餐食谱，要求：

① 低血糖生成指数（Glycemic Index，GI）食材为主；

② 包含热量和营养比例计算；

③ 每餐准备时间不超过15分钟。

（2）思维链公式

此公式可以强制模型展示中间推理过程，有效降低错误率，适用于数学计算、逻辑推理、数据分析等复杂任务。公式的提问结构如下。

"请逐步推理：[问题描述]。首先，……，然后，……，最后，……。"

举例如下。

请逐步推理：北京故宫的年客流量。首先，了解故宫一年中的开放天数，然后了解故宫的单日最大承载量和淡旺季平均客流量比例，最后估算年度客流量。

① 查找故宫开放天数（如是否全年365天开放）；

② 确定单日最大承载量（国庆节黄金周单日接待近9万人次）；

③ 计算淡旺季平均客流量比例（如旺季70%，淡季30%）；

④ 综合得出年度估值。

（3）模板填空公式

此公式可以保证输出结构的一致性，适合批量生产内容，适用于标准化内容生成的场景，如广告、邮件、报告等内容的生成。公式的提问结构如下。

输入：[固定结构模板]

示例：

[标题]：_____

[核心卖点]：①_____；②_____；③_____

[行动号召]：立即点击_____，享受_____优惠！

举例如下。

根据模板生成耳机广告。

[标题]：震撼音效，听见未来

[核心卖点]：①40dB主动降噪；②30小时续航；③空间音频技术

[行动号召]：点击购买，享受8折优惠！

（4）示例引导公式

此公式可以通过3～5个示例定义生成规则，能够有效提高内容生成的准确率，适用于风格迁移、诗歌创作、艺术化描述等场景。公式的提问结构如下。

示例1：

输入：[指定内容]→输出：[指定内容]

示例2：

输入：[指定内容]→输出：[指定内容]

请根据上述风格描述：[指定内容]

举例如下。

示例1：

输入："夕阳下的海边"→输出："橙红色晚霞浸染海面，浪花裹着金光涌向沙滩"

示例 2：

输入："冬日森林"→输出："积雪压弯松枝，寂静中传来枯枝断裂的脆响"

请根据上述风格描述："暴雨中的城市"

（5）条件约束公式

此公式可以通过多重约束精准控制输出范围，减少无关内容，适用于学术写作、合规内容生成、技术文档制作等场景。公式的提问结构如下。

"生成关于 [主题] 的内容，需满足：[条件 1]+[条件 2]+[条件 3]"

举例如下。

写一篇 AI 伦理相关的议论文，要求：

① 引用近期发布的专业文章；

② 反驳"技术中立论"观点；

③ 包含至少 2 个真实案例；

④ 字数控制在 800 字左右。

（6）反向提问公式

此公式可以引导用户补充关键信息，避免信息不全导致生成偏差，适用于需求模糊的开放式任务，如策划、咨询、设计等场景。公式的提问结构如下。

"在回答之前，请先确认以下问题：[关键问题列表]"

举例如下。

我想策划一场公司年会，请先向我提问以获取必要信息：

① 年会预算范围是多少；

② 参与人数和员工年龄段分布；

③ 往年受欢迎的活动类型；

④ 是否有特定主题要求。

（7）自洽性公式

此公式可以通过多个方案对比来降低模型"幻觉"风险，提升结果可靠性，适用于方案决策、争议问题分析、风险评估等场景。公式的提问结构如下。

"请生成 3 种不同的方案，并根据 [标准] 选择最优解，说明理由。"

举例如下。

设计一个可持续城市交通方案，要求：

① 提出地铁扩建、共享无人机、智能公交 3 种方案；

② 从成本、环保性、实施难度 3 个维度评分（1 ～ 5 分）；

③ 推荐综合得分最高的方案。

AI 专家　　模型"幻觉"风险是指人工智能模型在生成内容时，可能会产生不准确或误导性的信息，这些信息并非源自现实世界，而是模型基于其自身的"想象"所产生的。这种现象被称为"AI 幻觉"。

（8）混合模态公式

此公式可以打通不同模态的信息关联，激发创造性组合，适用于跨模态创作的场景。公式的提问结构如下。

"结合文字描述 [内容 A] 与参考图片 [链接 / 描述]，生成 [输出类型]"

举例如下。

参考莫奈《睡莲》的色彩风格（附图链接），用文字描述如何将这种美学应用于现代家居设计：

① 颜色搭配建议；

② 材质选择（如哑光或高光）；

③ 灯光设计要点。

AI资源链接

各提问公式的AIGC生成内容

• **AI 思考屋** ○○○○○○○○○○○○○○○○○○○○○○○○○○○○○○○○○○○

你是否使用过AIGC工具？请总结你在使用时有哪些经验，并思考这些经验是否也相当于一种或多种提示工程的具体应用。

5.2 文本、图片与音视频生成工具

文本、图片与音视频生成工具是较常见的AIGC工具，如文心一言、讯飞星火、通义万相、讯飞智作、即梦AI等，这些工具有不同功能，如文本生成功能、图片与视频生成功能，PPT（即演示文稿）生成、数据分析等功能，为用户提供丰富的内容生成体验。

5.2.1 文心一言

文心一言是百度开发的大语言模型，该模型基于数万亿数据和数千亿知识点进行融合学习，构建预训练大模型，并在此基础上运用监督学习、强化学习等技术，具备知识增强、检索增强和对话增强的技术优势。

1. 文心一言的功能

文心一言的功能十分丰富，它基于百度自主研发的大模型技术，不仅能精准理解中文，还能保障信息安全和合规性。无论是个人用户还是企业，都能通过网页、App灵活使用文心一言。

（1）内容创作与文本生成。无论是文学创作还是日常实用写作，文心一言都能轻松应对。在文学领域，文心一言可以创作诗歌、小说、散文等；在商业场景中，文心一言能自动生成广告文案、合同、邮件、营销方案等，并支持多语言转换，如中文、英文、日语等。

（2）复杂任务处理。文心一言擅长解决需要逻辑推理的任务，如解答数学题、辅助编程、分析逻辑问题等。例如，用户可以用自然语言描述编程需求，文心一言会直接生成可运行的代码片段，并解释实现原理。

（3）多模态交互。除文字生成外，文心一言还能处理图片、语音等其他模态对象，可以根据文字描述生成图片，或将图片转换成文字解读；还支持语音对话交互。文心一言还能根据文本自动生成视频脚本，并配合其他AIGC工具快速制作短视频，大幅提高效率。

（4）信息整合与分析。面对海量信息，文心一言能快速提炼重点，如为长篇文章生成摘要，结合百度搜索实时数据解答事实类问题，还能分析表格数据并生成可视化图表等，具备强大的信息整合与分析能力。

（5）场景化智能工具。文心一言可以深度融入生活与工作场景。例如，在教育领域，它能讲解知识点、制订学习计划；在职场中，它可以模拟面试、优化简历；在日常生活中，它能规划旅行路线、推荐菜谱等。

2．文心一言的使用方法

文心一言主要以对话方式进行，下面重点介绍它的基本操作，以及创意写作、阅读分析、智慧绘图和智能体广场的使用方法。

（1）基本操作

访问文心一言官方网站，登录文心一言，在页面下方的文本框中输入需要了解的问题，完成后单击"提交"按钮 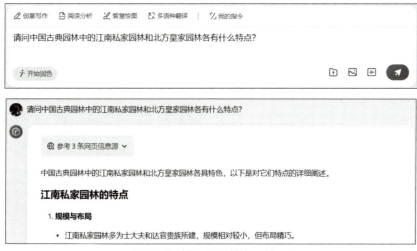 或直接按【Enter】键，文心一言将快速生成结果，如图 5-2 所示。

图 5-2　输入问题并查看结果

在同一对话页面，用户可以继续根据文心一言的回复调整问题，按相同方法输入问题并提交，文心一言将联系前面的内容回答问题，因此这里可以输入"它们"，文心一言便知道指代的是"江南私家园林和北方皇家园林"，如图 5-3 所示。

图 5-3　联系上下文回答问题

如果用户需要创建新的对话，可选择页面左上方的"新对话"选项，在新对话中进行互动交流时，文心一言不会联系历史对话的内容。另外，如果用户需要选择其他大模型版本，则可单击"文心大模型 3.5"旁的下拉按钮，在弹出的下拉列表中选择所需的大模型选项，如图 5-4 所示。

图5-4　选择大模型

在输入问题时，按【Shift+Enter】组合键可实现换行输入，按【Enter】键将会直接提交输入的问题。

（2）创意写作

创意写作提供文章优化和体裁模板功能，其中，文章优化包含深度写作、改写、扩写、仿写、润色、缩写和续写等应用，如图5-5所示；体裁模板包含日常办公、专业文稿、新闻媒体等多个领域的文章模板，如图5-6所示。

图5-5　文章优化

图5-6　体裁模板

当需要进行创意写作时，只需选择相应的选项（如选择体裁模板中的"总结汇报"），文心一言将在页面右下方的文本框中显示模板，在其中按照模板提示输入需求并提交即可，如图5-7所示。

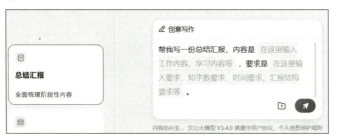

图5-7　总结汇报模板

单击图5-7所示文本框右下方的"上传文档"按钮，可在打开的对话框中选择参考文件，然后可以在文本框中输入"参考文件内容仿写"的要求，文心一言将查阅上传的文件内容，并以此为参考优化文章或以文章内容为模板生成所需的内容。

（3）阅读分析

阅读分析功能可以通过上传不同类型的文件，对文件内容进行精读、分析、整理、总结、评估等。以评估简历为例，其应用方法为：选择"阅读分析"选项，在"文档阅读"栏中选择"简历评估"选项，单击页面右下方的"上传文档"按钮 ⬆，在打开的页面中单击"点击上传或拖入文档"区域，打开"打开"对话框，选择简历文件，单击 `打开(O)` 按钮上传文件，最后在文本框中根据模板内容输入需求并提交即可，如图5-8所示。

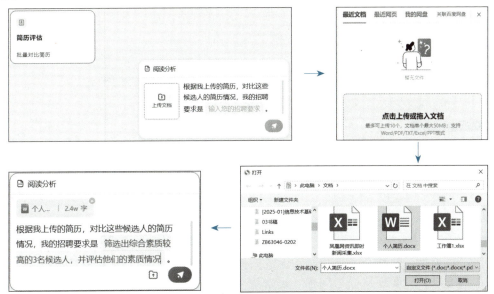

图5-8 使用文心一言评估简历

（4）智慧绘图

选择"智慧绘图"选项，可以使用文字生图、图片重绘、局部编辑等功能，各功能的使用方法分别如下。

① 文字生图。选择需要生成的图片类型，然后选择该类型下的某张图片，在文本框中根据模板内容输入需求并提交，文心一言便可根据提交的内容生成图片，如图5-9所示。如果没有合适的图片类型，用户可以直接在文本框中输入需求并提交以生成图片。

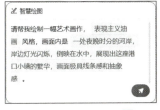

图5-9 文字生图

② 图片重绘。图片重绘可以模仿和转换图片的风格，以及替换背景图片。使用时可选择需要的功能，上传参考图片，输入需求并提交即可。

③ 局部编辑。局部编辑可以重绘图片的局部和消除图片部分区域，与图片重绘的操作大致类似。

（5）智能体广场的使用

选择页面左侧的"智能体广场"选项，在打开的页面中选择智能体选项，如选择"职业推荐助手"，用户便可在显示的页面中以聊天的方式与"职业推荐助手"进行交互，文心一言将针对职业推荐领域回答用户的问题，如图5-10所示。

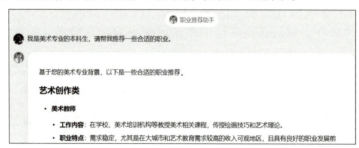

图5-10　"职业推荐助手"智能体

文心一言的智能体广场是一个集成多种智能体的平台，所谓智能体，在这里指一种具备自主性、决策能力、执行能力和目标导向性的软件实体，它们能够融合大模型的功能，为用户提供针对特定场景的便捷、高效、有趣的交互体验。

5.2.2　讯飞星火

讯飞星火是一款结合人工智能和大数据技术的智能大模型，它从海量数据和大规模知识中持续进化，实现从提出问题、规划路径到解决问题的全流程闭环，能够帮助用户快速发现、分享和管理知识。

1. 讯飞星火的特点

讯飞星火依托科大讯飞的核心技术积累和行业场景深耕，持续突破大模型能力边界，展现出广泛的适用性。其核心优势不仅体现在技术性能的全面跃升，更体现在深度融入各行业的数字化转型需求。其主要特点如下。

（1）多模态理解与生成能力。讯飞星火支持文本、图片、音频等多种输入形式，可生成文案、PPT、代码、图片及音频内容，其多模态理解与生成能力在图片问答、图片生成等场景表现优异。

（2）强大的逻辑推理与专业能力。讯飞星火的逻辑推理与专业能力突出，可解决微积分、概率统计等问题，并支持代码生成、纠错及单元测试，其逻辑推理能力覆盖科学推理与复杂任务处理。

（3）高效生产力工具。讯飞星火提供PPT生成、文档总结、简历优化等办公插件，其智能体涉及多个行业领域的应用场景，如年终总结、营销方案策划等，能够帮助用户提升工作效率。

（4）语音交互、识别与合成技术。讯飞星火的语音交互支持多种方言和外语，语音识别与合成技术十分强大，能够实现拟人化对话和情绪感知。

2. 讯飞星火的主要功能

讯飞星火的基本使用方法与文心一言的使用方法相似，只需访问并登录讯飞星火官方网站，单击 开始对话 按钮或选择页面上方的"SparkDesk"选项，然后在页面的文本框中输入问题，完成后单击"提交"按钮 ↑ 或直接按【Enter】键，讯飞星火便自动生成结果。讯飞星火主要有以下功能。

（1）AI搜索

AI搜索功能能够进行深度搜索，通过与庞大知识库的深度融合，可以理解并回答用户提出的各种问题。使用AI搜索功能，用户可以快速找到所需的信息，获得准确的回答和解决方案。此外，该功能还可以帮助用户轻松管理文档资料，进行文档阅读和文档分析。使用该功能的方法为：单击页面左侧的"AI搜索"按钮 Ω，在文本框中输入问题，单击"提交"按钮 ↑ 或直接按【Enter】键，讯飞星火将根据问题生成结果，如图5-11所示。

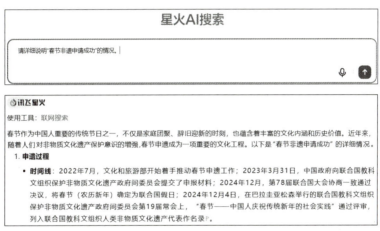

图5-11 讯飞星火的AI搜索功能

（2）PPT生成

PPT生成功能可以根据描述的问题和选择的模板，快速生成专业的PPT。使用该功能的方法为：单击页面左侧的"PPT生成"按钮 ▽，在文本框下方选择模板，如这里单击 内容策划 按钮，然后在文本框中修改模板内容，并在下方选择PPT模板，单击"提交"按钮 ↑ 或按【Enter】键，如图5-12所示。

图5-12 设置需求并选择模板

讯飞星火将根据设置的内容生成PPT大纲，此时可以单击 点击编辑大纲 按钮编辑大纲内容，也可以设置生成文本的语言风格，完成后单击 生成PPT 按钮，如图5-13所示。

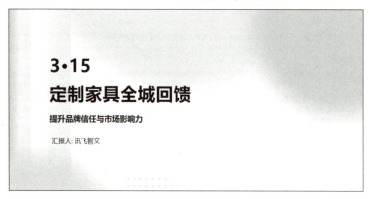

图5-13　设置大纲与文本风格

等待讯飞星火启动"讯飞智文"功能并生成PPT，如图5-14所示。单击网页右上方的下载按钮可以将PPT下载到计算机上进一步编辑与使用。

图5-14　生成PPT

（3）图像生成

图像生成功能可以根据用户描述的内容生成相应的图像。使用该功能的方法为：单击页面左侧的"图像生成"按钮，在文本框中输入需求，在下方的"背景"和"风格"下拉列表框中可设置图像背景与风格，单击"提交"按钮即可，如图5-15所示。

图5-15　图像生成

（4）内容写作

内容写作功能可以根据描述的内容生成较为专业的文章。使用该功能的方法为：单击页面左侧的"内容写作"按钮 ✍，在文本框中输入需求，单击"提交"按钮 ⬆，讯飞星火将生成相应的文章，如图 5-16 所示。

图 5-16　内容写作

（5）深度推理 X1

深度推理 X1 功能主要针对数学题目的解答，它可以根据描述的内容或图片，通过推理解决各种难题。使用该功能的方法为：单击页面左侧的"深度推理 X1"按钮 🔄，在文本框中输入数学题目，或单击文本框下方的 ✍识图解题 按钮，上传数学题目图片，讯飞星火将自动识别内容并生成解题过程和答案，如图 5-17 所示。

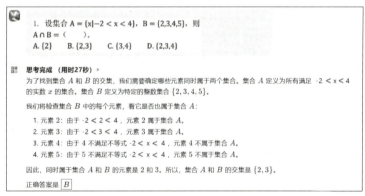

图 5-17　深度推理 X1

5.2.3　通义万相

通义万相是阿里巴巴开发的 AIGC 工具，它专注于图片与视频生成领域，能够根据用户输入的文本描述智能创作出细节丰富、色彩鲜艳的高清图片和视频，适用于创意设计、电商展示等各种场景。

1. 通义万相的特点

作为阿里云旗下的 AIGC 创意作画平台，通义万相深度融合人工智能技术与艺术创作需求，通过多项创新功能展现出独特优势。其核心特点主要体现在以下方面。

（1）智能理解与精准生成。通义万相具备高度智能化的指令解析能力，能够准确捕捉用户需求中的关键元素，无论是文字描述中的画面细节（如风格、色彩、构图），还是复杂语义的创作意图，均能转化为高质量的图片或视频输出。

（2）多样化的创作风格与高度可控性。通义万相内置油画、印象派、抽象主义等数十种艺术风格模板，并支持使用"咒语书"功能来设定图片的参数，确保每幅作品兼具专业性与独特性。此外，基于组合式生成模型Composer的技术支撑，用户还可对生成图片的构图、元素位置等要素进行精细化控制。

（3）高效便捷的功能集成。除图片生成外，通义万相还提供视频生成等功能，大幅提高了内容创作的效率。

> **AI 专家**
>
> Composer模型是通义万相的核心技术之一，该模型基于组合式生成理念，通过将图像元素分解为构图、主体、风格等独立可控模块，结合扩散模型与自研高效架构，使用户可以精准调控画面细节。该模型允许用户通过参数调整灵活定义元素位置、比例及艺术风格，既保障生成内容的专业性，又赋予用户从全局到局部的高自由度创作体验，提高了通义万相在二次元插画、视频特效等多元场景下的适配性。

2. 通义万相的主要功能

通义万相的主要功能包括文字作画、文生视频、图生视频等，这些功能可以有效地帮助用户完成图片和视频的创作。

（1）文字作画

文字作画需要用户描述所需图片的内容，通义万相将根据描述来生成图片，具体操作方法为：访问并登录通义万相官方网站，选择页面左侧的"文字作画"选项，在"文字作画"栏下方的文本框中输入描述内容，也可单击 🔘 咒语书 按钮，通过打开的"咒语书"页面指定图片的风格、光线、材质等属性，如图5-18所示。

图5-18　描述图片内容

 AI 拓展走廊

通义万相"咒语书"中的"渲染"咒语包含虚幻引擎、C4D、Blender、Octane等选项，其中，虚幻引擎支持复杂物理模拟，可以实时渲染出高清画质；C4D更为简洁，适合动态图形的设计与渲染；Blender兼顾渲染的质量与灵活性；Octane速度快且支持实时交互，适合追求真实感的图像渲染任务。

选择属性后，关闭"咒语书"页面，接着在文本框下方的"比例"栏中设置图片的尺寸比例，开启"灵感模式"可以增加创意灵感，最后单击 生成画作 ⚡1 按钮，通义万相将生成4幅图片，如图5-19所示，单击某幅图片的缩略图可打开该图片的预览页面，可以下载图片或对图片进行高清处理、局部重绘等进一步的操作。

图5-19　生成图片

（2）文生视频

文生视频同样需要用户描述所需视频的内容，通义万相将根据描述生成视频，具体操作方法与文字作画类似：首先在页面左侧选择"视频生成"选项，在"视频生成"栏下方的文本框中输入提示词描述内容，接着在"比例"栏中设置图片的尺寸比例，开启"灵感模式"可以增加创意灵感，开启"视频音效"可以生成声音效果或背景音乐，最后单击 生成视频 ⚡5 按钮便可生成视频，如图5-20所示。

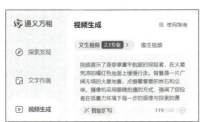

图5-20　文生视频

（3）图生视频

图生视频可以将静态图片变为动态视频，其操作方法为：在页面左侧选择"视频生成"选项，在打开的页面中单击上方的 图生视频 按钮，然后单击"上传图片"按钮+，在打开的对话框中上传图片，接着在"创意描述(选填)"文本框中输入内容描述，开启"灵感模式"，完成后单击 生成视频 ⚡5 按钮可生成视频，如图5-21所示。

图5-21　图生视频

5.2.4 讯飞智作

讯飞智作是由科大讯飞推出的AIGC内容创作平台，能创作出较高质量的音视频内容。

1. 讯飞智作的特点

作为人工智能驱动的创作平台，讯飞智作凭借科大讯飞深厚的技术积淀，在音视频创作领域有其鲜明的特点，具体如下。

（1）全链路AI创作支持。平台覆盖从文案纠错、改写与翻译，语音合成到视频制作的完整流程，用户仅需输入文字即可快速生成带有虚拟数字人讲解的视频，大幅降低传统创作中对专业设备、人员的依赖。

（2）高度拟真的交互体验。依托讯飞星火大模型的自然语言理解能力，讯飞智作创作的虚拟主播能精准模仿真人情感语调，支持多语种配音，并允许用户自定义数字人形象、背景和动作，适用于营销、教育等多样化场景。

（3）灵活普惠的开放生态。讯飞智作提供免费基础功能与阶梯式付费服务，兼顾个人创作者与企业需求，同时兼容计算机端、移动端及云端协作，搭配AIGC工具箱，包含推文转视频、AI后期、Word转视频等功能，能够灵活地帮助用户完成视频生成。

2. 讯飞智作的主要功能

基于讯飞星火大模型，讯飞智作能够精准理解用户意图，自动生成音频和视频内容，显著降低用户的技术创作门槛。讯飞智作的主要功能有配音和虚拟主播生成、形象/声音定制，以及AIGC工具箱等。

（1）讯飞配音

讯飞配音功能主要有AI配音和真人配音，以AI配音为例，具体的操作方法为：访问并登录讯飞智作，单击页面上方的"讯飞配音"超链接，进入讯飞配音的操作页面；在页面左侧的文本框中输入文本，在中间的主播列表中选择配音主播，在右侧的设置页面中调整配音参数，完成后单击右上角的 生成音频 按钮，如图5-22所示。

图5-22 讯飞配音页面

（2）AI虚拟主播

AI虚拟主播功能能够快速创建虚拟主播视频，并能对主播的形象、视频背景、字幕等进行设置，具体操作方法为：单击页面上方的"AI虚拟主播"超链接，进入AI虚拟主播的操作页面；在页面下方的文本框中输入文字，在最右侧的工具栏中单击不同的按钮，可设置虚拟主播的形象、声音、画面模板、视频背景、前景、文本等内容，完成后单击右上角的 生成视频 按钮，如图5-23所示。

图5-23　AI虚拟主播页面

（3）形象/声音定制

形象/声音定制功能可以创建虚拟数字分身，这需要用户录制一段自己的正面播报视频，确保光线充足、无噪声，视频质量应为高清品质，然后在讯飞智作官方网站上单击页面上方的"形象/声音定制"超链接，进入"标准形象定制"页面，单击 上传视频 按钮将录制的视频上传到页面，讯飞智作将根据视频中的人物形象，利用人工智能算法创建出虚拟数字分身，之后用户便可以使用该分身作为主播形象，在新闻、培训、广告、短视频等场景中应用。

（4）AIGC工具箱

在讯飞智作官方网站上将鼠标指针移至页面上方的"AIGC工具箱"超链接上，在弹出的下拉列表中会显示AIGC工具箱中包含的工具，如图5-24所示，选择相应的选项便可进入相应工具的操作页面，各工具的使用方法如下。

图5-24　AIGC工具箱中的工具

① 创意视频。选择"创意视频"选项后，在打开的页面中会自动打开"创意视频"

对话框，用户在其中可以输入创意描述，设置视频的时长，然后上传一张或多张图片，也可由 AI 自动生成图片，最后描述虚拟主播的特点，之后单击"开始制作"按钮，自动生成含有虚拟主播的视频。

② AI 后期。选择"AI后期"选项后，在打开的页面中会自动打开"AI后期"对话框，用户在其中可上传视频，然后输入视频配文或由 AI 自动生成配文，最后描述视频配音主播的特点，之后讯飞智作会生成视频。

③ 推文转视频。选择"推文转视频"选项后，在打开的页面中会自动打开"推文转视频"对话框，用户在其中可粘贴推文的网页链接，然后设置视频的模板、时长等参数，最后描述虚拟主播的特点，之后单击"开始制作"按钮生成视频。

④ Word 转视频。选择"Word转视频"选项后，在打开的页面中会自动打开"Word转视频"对话框，用户在其中可以手动输入文案，可以导入 Word 文件，还可以上传图片或由 AI 自动生成配套文案，之后讯飞智作将根据文案或 Word 文件，并结合图片内容生成视频。

5.2.5　即梦 AI

即梦 AI 是抖音旗下的多功能 AI 创作工具，支持图片生成、视频生成、音乐生成等功能，适用于海报设计、故事创作、视频制作等多种场景。其核心技术之一是多模态视频生成模型 OmniHuman，用户可通过输入图片和音频生成生动的视频。

> **AI 专家**　OmniHuman 是抖音开发的人工智能视频生成模型，该模型最少只需一张人物照片和一段音频素材，就能生成逼真的人物动态视频。OmniHuman 采用创新的混合训练方法，通过整合音频、视频、姿势等多类数据，解决传统技术因高质量数据不足导致的动作生硬问题，该模型目前已在虚拟主播、影视制作、教育培训等领域广泛应用。

1. 即梦 AI 的特点

作为抖音在人工智能领域的探索，即梦 AI 凭借多模态生成能力和创意工具属性，为用户提供从静态到动态、从平面到立体的全方位解决方案。其核心特点如下。

（1）核心功能丰富。即梦 AI 拥有多种功能，如图片生成、视频生成、音乐生成等，允许用户自由拼接元素，进行分图层 AI 生成、AI 扩图、局部重绘、局部消除等操作。此外，即梦 AI 提供对口型、分镜设置等 AI 编辑能力，可有效增强视频的表现力。

（2）操作简便易上手。作为抖音的产品，即梦 AI 延续了剪映的风格，其界面简洁直观、布局清晰明了，初学者也能快速上手。无论是图片生成、视频创作还是其他功能，操作流程都比较简单，降低了内容创作的门槛。

（3）高度可定制性。即梦 AI 具有高度的可定制特性。例如，在图片生成过程中，用户可通过调整参数来定制作品的风格、色彩、画面比例等，以满足个性化需求；在视频创作方面，即梦 AI 提供多种可选风格以及丰富的运镜控制选项等，用户能够根据自己的创意和需求进行定制化创作。

（4）社区互动性强。即梦 AI 拥有海量影像灵感及兴趣社区，用户可以浏览、下载其他用户的作品，参与创意挑战赛；用户还可以根据他人的作品及提示词，创作出属于自己的同款效果，促进用户之间的交流与学习。

2．即梦AI的主要功能

从创作的角度，即梦AI的主要功能包括AI作图、AI视频、AI音乐等，各功能下又包含丰富的应用。

（1）AI作图

AI作图功能包含图片生成与智能画布两大应用。

① 图片生成。访问并登录即梦AI官方网站，单击页面中的 图片生成 按钮，在打开的页面中输入对图片内容的描述，也可单击 导入参考图 按钮上传参考图。然后在"模型"栏的"生图模型"下单击右侧的"修改"按钮 ⚙，在打开的面板中选择生图模型，并调整下方的"精细度"。接着设置图片比例和尺寸，完成后单击 立即生成 ◐1 按钮生成图片，如图5-25所示。

图5-25 使用即梦AI生成图片

② 智能画布。在即梦AI官方网站中单击 智能画布 按钮，在打开的页面中单击 上传图片 按钮或 文生图 按钮添加多张图片到画布上，选择任意图片，可移动、缩放或旋转图片，利用页面上方工具栏中的工具可以进行局部重绘、细节修复等操作，在右侧的"图层"栏中可调整图层的叠放顺序，如图5-26所示，完成后单击右上角的 导出 按钮可生成拼接图片。

图5-26 即梦AI的智能画布页面

（2）AI视频

AI视频功能包含视频生成与故事创作两大应用。

① 视频生成。在即梦AI官方网站中单击 视频生成 按钮，在打开的页面中可选择图

片生视频、文本生视频和对口型等功能，图片生视频与文本生视频的操作方法与通义万相中的操作类似。若使用对口型功能，可上传人物或动物的图片，设置"标准"或"生动"的生成效果，然后输入文本内容，设置朗读音色和说话速度，完成后单击 生成视频 ⏻1 按钮生成视频，如图5-27所示。

图5-27　使用对口型生成视频

② 故事创作。在即梦AI官方网站中单击 故事创作 按钮，在打开的页面中导入多张图片作为视频的分镜画面，也可创建空白分镜，通过文生图或上传参考图的方式创建分镜画面，接着可以输入文本描述每个分镜的画面，将画面转为视频，如图5-28所示，设置完所有分镜画面后，单击右上角的 导出 按钮便可生成视频。

图5-28　即梦AI的故事创作页面

（3）AI音乐

AI音乐功能可以根据输入的文本内容快速生成音乐，其方法为：在即梦AI官方网站中单击 音乐生成 按钮，在"人声歌曲"文本框中输入文本内容，即生成的音乐的歌词内容，在"音乐风格"栏下分别设置音乐的曲风、心情和音色，设置完成后单击 立即生成（暂免3次） 按钮即可生成音乐，如图5-29所示。

图5-29 使用即梦AI生成音乐

💬 AI 拓展走廊

　　快手旗下的可灵AI创意生产力平台（以下简称"可灵"）也是十分出色的AIGC工具，它同样具备文生图、图生图、文生视频、图生视频等功能。除此之外，可灵还具有"AI试衣""首尾帧生成视频""创意特效"等功能，可以帮助用户创建生动的图片和视频。这些功能的使用方法与前面介绍过的AIGC工具的使用方法类似，用户可以自行尝试。

5.3　高效办公工具

　　除生成文本、图片、音频和视频外，在办公领域，AIGC工具能完成代码编写、数据分析等任务，可以满足各种办公需求，是高效的办公助手。

5.3.1　辅助代码编写

　　AIGC工具在辅助代码编写中有许多革新性优势，能够提升用户编写代码的速度和质量。其功能主要体现在以下4个方面。

　　（1）智能代码补全与生成。AIGC通过分析用户编写代码的习惯并联系上下文，自动补全代码片段，大幅节省用户编写代码的时间。一些AIGC工具还能在编写代码的过程中实时提供建议，为用户提供各种创新思路和灵感。

　　（2）多维度代码自动化生成。在低代码开发中，AIGC可自动生成代码模板、界面布局、数据模型及测试脚本，用户仅需填写关键参数即可生成基础代码，减少重复劳动。

> AI
> 专
> 家
> 　　低代码开发是一种通过可视化界面和配置化操作替代传统人工编写代码的软件开发方式，旨在降低技术门槛、加速应用交付。

　　（3）自然语言交互编程。在AIGC工具的帮助下，用户可以直接使用自然语言描述需求，AIGC工具可以将其转化为可执行代码。

　　（4）代码质量优化。AIGC工具提供自动化重构建议、错误修复、性能优化分析等功能，可以自动生成文档注释，增强代码可读性。其持续学习机制还能不断改进代码生成的算法，提高代码内容的准确性。

下面以讯飞星火为例，使用该工具编写贪吃蛇小游戏的代码，并在Python中运行，具体操作如下。

微课视频

辅助代码编写

（1）登录讯飞星火官方网站，在文本框中输入需求"请使用Python语言编写一个简单的贪吃蛇小游戏代码，不需要安装其他库。"按【Enter】键提交需求，此时讯飞星火便将生成带有黑色背景的代码内容，并在下方解释代码，单击代码右上角的 复制代码 按钮，如图5-30所示。

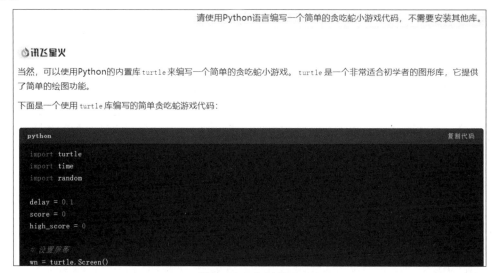

图5-30　复制代码

（2）新建名为"贪吃蛇"的文本文件，打开该文件，按【Ctrl+V】组合键粘贴代码，并按【Ctrl+S】组合键保存文件，如图5-31所示。

（3）安装并启动"IDLE（Python 3.13 64-bit）"程序，在打开的窗口中选择File→Open菜单命令，打开"打开"对话框，选择"贪吃蛇.py"文件（配套资源：素材文件\第5章\贪吃蛇.py），单击 打开(O) 按钮，如图5-32所示。

AI资源链接

Python基础知识

（4）选择Run→Run Module菜单命令或按【F5】键运行代码，此时将进入游戏窗口，利用【W】【A】【S】【D】键来控制方向并进行游戏，如图5-33所示。

图5-31　保存代码

图5-32　打开文件

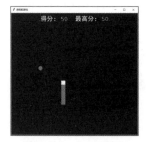

图5-33　运行游戏

5.3.2　智能数据分析

AIGC工具具备强大的数据处理与分析能力，不仅能自动生成分析报告、完成数据预处理以及模型选择与调优，还可合成数据，解决真实数据获取难、隐私风险高等问题。借助强大的人工智能算法，AIGC工具可以轻松找到数据的潜在联系和规律，准确分析出数据体现的结果。

以智谱清言为例，在该网站页面左侧选择"数据分析"选项，然后将需要分析的数据文件直接拖曳到页面中，或单击"上传文件"按钮 上传数据文件（配套资源：素材文件\第5章\商品数据.xlsx），接着在文本框中输入分析需求，按【Enter】键提交，智谱清言将查看文件内容，并给出分析结果，如图5-34所示。

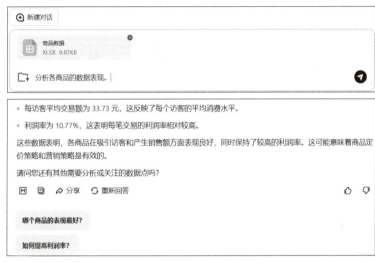

图5-34　分析数据

5.4　DeepSeek 及其与其他工具的组合应用

DeepSeek是由深度学习算法驱动，基于海量多语言文本训练而形成的模型，具备跨领域信息整合、逻辑推理和自然语言交互能力。其核心功能包括智能问答、多语言翻译、数据分析及创意辅助等，且其具备强大的推理能力。此外，组合使用DeepSeek与其他工具，用户可以获取高质量的内容。

5.4.1　DeepSeek的基本用法

DeepSeek与文心一言、讯飞星火等AIGC工具相似，都是通过对话的方式实现交互，其界面如图5-35所示。用户只需访问并登录DeepSeek的官方网站，在页面下方的文本框中输入需求并提交，DeepSeek将根据需求返回相应的信息。需要注意的是，由于DeepSeek具备强大的推理能力，一方面，用户在某些情况下输入需求时，可以不必使用提示工程限制DeepSeek的推理范围；另一方面，为更好地发挥DeepSeek的推理能力，用户可以单击文本框下方的 深度思考（R1）按钮，使其变为蓝色状态，让DeepSeek进入深度思考模式，从而可以调用DeepSeek R1模型进行更好的推理。此外，若 ⊕联网搜索 按钮呈白色状态，表示DeepSeek在推理时不会进行联网搜索，若用户需要DeepSeek结合较新的信息进行推理，则可单击该按钮，使其变为蓝色状态，然后再提交需求。

图5-35　DeepSeek界面

5.4.2　DeepSeek与Kimi生成PPT

组合使用DeepSeek与Kimi，可以快速生成高质量的PPT。首先，可以利用DeepSeek的推理能力获取精准、贴切的PPT内容提纲，然后借助Kimi的润色与编辑功能自动调整提纲，最后使用Kimi的各种高质量模板，快速生成精美的PPT。其具体操作如下。

微课视频

DeepSeek
与Kimi生成
PPT

（1）访问并登录DeepSeek官方网站，使用深度思考模式，在文本框中输入相应的需求，按【Enter】键提交，如图5-36所示。

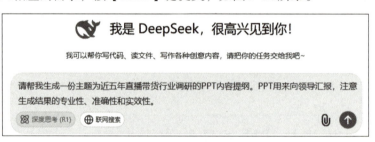

图5-36　在DeepSeek中输入需求

（2）DeepSeek经过推理后开始生成PPT大纲内容，单击"复制"按钮🗐，如图5-37所示。

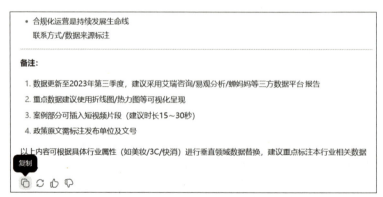

图5-37　复制结果

（3）访问并登录Kimi，单击页面左侧的"Kimi+"按钮◈，在打开的页面中选择"PPT助手"选项，如图5-38所示。

图5-38　使用Kimi的PPT助手

（4）在打开的页面下方的文本框中粘贴复制的内容，按【Enter】键提交，Kimi将自动调整并生成PPT内容，生成完成后单击 ￼ 按钮，如图5-39所示。

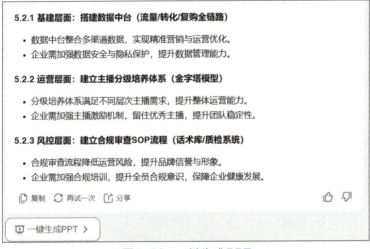

图5-39　一键生成PPT

（5）在打开的模板页面选择模板，在其中可设置模板场景、设计风格和主题颜色，完成后单击 ￼ 按钮，如图5-40所示。

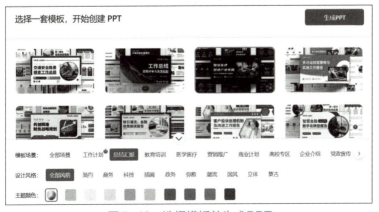

图5-40　选择模板并生成PPT

（6）Kimi开始生成PPT，完成后单击████████ 下载 ████████按钮将其下载到计算机中，如图5-41所示（配套资源：效果文件\第5章\调研报告 .pptx）。

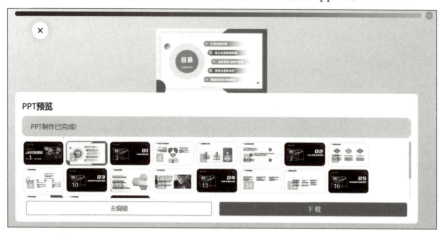

图5-41　下载PPT

5.4.3　DeepSeek与剪映生成短视频

DeepSeek能快速生成高质量文案、分镜头脚本及素材，且支持批量生成文案与脚本。剪映适用于短视频编辑，能够自动根据内容生成匹配的视频。二者结合使用，能以自动化的方式生成高品质的视频。其具体操作如下。

微课视频

DeepSeek与剪映生成短视频

（1）访问并登录DeepSeek官方网站，使用深度思考模式，在文本框中输入相应的需求，如请求DeepSeek生成一篇神话故事的文案，然后按【Enter】键提交，如图5-42所示。

图5-42　输入并提交需求

（2）拖曳鼠标指针选择部分生成的内容，在所选内容上单击鼠标右键，在弹出的快捷菜单中选择"复制"命令，如图5-43所示。

图5-43　复制内容

（3）安装并启动剪映，在打开的页面中选择"图文成片"选项，并在打开的"图文成片"对话框的左侧列表框中选择"自由编辑文案"选项，如图5-44所示。

图5-44 图文成片与自由编辑文案

（4）使用【Ctrl+V】组合键将复制的内容粘贴到"自由编辑文案"对话框的文本框中，手动删除多余的内容，如图5-45所示。

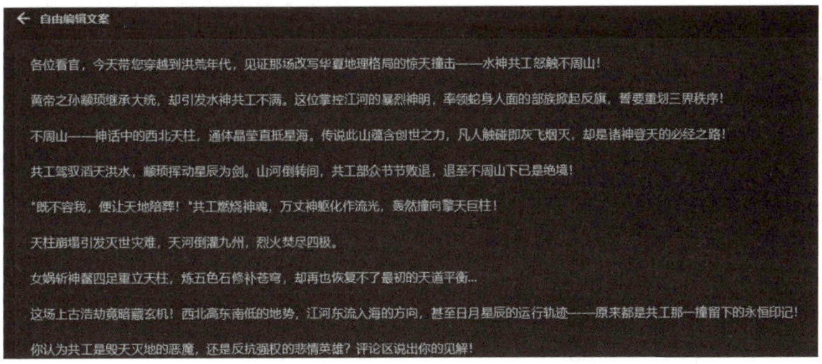

图5-45 粘贴并适当修改文案

（5）单击对话框右下角的 [生成视频 ∨] 下拉按钮，在弹出的下拉列表中选择"智能匹配素材"选项，如图5-46所示。

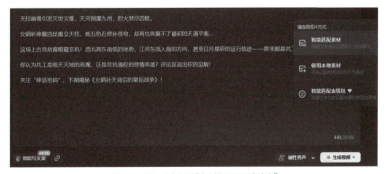

图5-46 选择"智能匹配素材"

（6）此时将开始生成视频，完成后将打开剪映的操作页面，在其中可以播放视频内容预览效果，之后单击页面右上角的 按钮导出视频文件，如图5-47所示（配套资源：效果文件\第5章\共工怒触不周山.mp4）。

图5-47　导出视频

5.4.4　DeepSeek与即梦AI和Tripo生成3D模型

DeepSeek可生成对3D模型的精准描述和文生图提示词，用户可将提示词复制并粘贴到即梦AI中，并通过文生图的方式生成图片，然后在Tripo中上传图片快速生成高质量的3D模型。其具体操作如下。

（1）访问并登录DeepSeek官方网站，使用深度思考模式，在文本框中输入相应的需求，如请求DeepSeek生成描述苹果3D形象的绘画提示词，然后按【Enter】键提交，如图5-48所示。

微课视频

DeepSeek
与即梦AI和
Tripo生成3D
模型

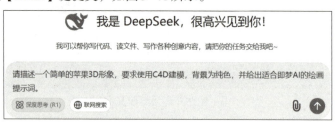

图5-48　输入并提交需求

（2）单击提示词右上角的 复制 按钮，如图5-49所示。

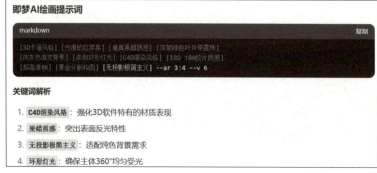

图5-49　复制提示词

（3）在即梦AI官方网站中使用文生图的功能，在文本框中粘贴复制的提示词并做适当修改，设置生图模型为"图片2.1"并设置精细度、图片比例、图片尺寸等参数，设置完成后单击▇▇▇▇▇按钮，如图5-50所示。

图5-50　修改提示词并生成图片

（4）即梦AI将生成4幅图片，单击所需图片的缩略图，在打开的页面中单击"下载"按钮▇，如图5-51所示（配套资源：效果文件\第5章\苹果.jpg），将图片下载到计算机中。

图5-51　下载图片

（5）访问并登录Tripo官方网站，单击"图像转3D"按钮▇，然后依次单击➕单张图片按钮和"上传图片"按钮➕，如图5-52所示。

图5-52　上传图片

（6）待图片上传后，单击 生成 ⚡0 50 按钮开始生成模型，如图5-53所示。

图5-53　生成模型

（7）Tripo开始根据图片内容生成模型，完成后单击该模型，进入浏览页面，在其中可拖曳鼠标指针旋转模型查看效果，完成后单击 [　下载　] 按钮可将模型GLB格式文件（此格式文件可用Maya、3ds Max等3D设计软件打开并编辑）下载到计算机中，如图5-54所示（配套资源：效果文件\第5章\苹果模型.glb）。

图5-54　下载模型

💬 AI 拓展走廊

　　Tripo是由Tripo AI与Stability AI合作开发、由人工智能驱动的3D建模工具，它能够通过文本描述或图像快速生成带纹理的3D模型。其核心技术TripoSR在速度和质量上优于传统方案，支持生成高精度几何与纹理的即用型模型，适用于游戏开发、工业设计、建筑渲染及虚拟现实等领域。

5.5　课堂实践

5.5.1　制作创意海报

1. 实践目标

　　AIGC工具为用户提供了源源不断的灵感，以及具有创意的内容。本次课堂实践的目标是借助即梦AI和DeepSeek制作一张主题为"七夕节"的创意海报，让用户可以通过画面感受中式浪漫的氛围。

2. 实践内容

本次实践的具体操作如下。

（1）访问即梦 AI 官方网站，在页面的"灵感"栏下单击 海报设计 按钮，滚动鼠标滚轮找到合适的参考海报，然后单击该海报的缩略图，如图 5-55 所示。

图 5-55　寻找合适的参考海报

（2）在打开的页面中单击右侧提示词后的"复制"按钮 ，如图 5-56 所示。

图 5-56　复制提示词

（3）访问 DeepSeek 官方网站，取消深度思考模式，在文本框中输入需求，按【Shift+Enter】组合键换行，然后粘贴复制的提示词，并按【Enter】键提交，如图 5-57 所示。

图 5-57　输入并提交需求

（4）拖曳鼠标指针选择目标提示词，在目标提示词上单击鼠标右键，在弹出的快捷菜单中选择"复制"命令，如图 5-58 所示。

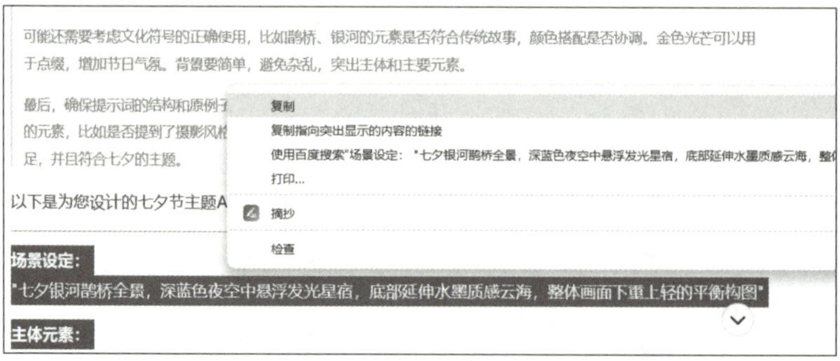

可能还需要考虑文化符号的正确使用，比如鹊桥、银河的元素是否符合传统故事，颜色搭配是否协调。金色光芒可以用于点缀，增加节日气氛。背景要简单，避免杂乱，突出主体和主元素。

最后，确保提示词的结构和原例子

的元素，比如是否提到了摄影风格

足，并且符合七夕的主题。

以下是为您设计的七夕节主题A

| 复制 |
| 复制指向突出显示的内容的链接 |
| 使用百度搜索"场景设定："七夕银河鹊桥全景，深蓝色夜空中悬浮发光星宿，底部延伸水墨质感云海，整 |
| 打印... |
| ✎ 摘抄 |
| 检查 |

场景设定：

"七夕银河鹊桥全景，深蓝色夜空中悬浮发光星宿，底部延伸水墨质感云海，整体画面下重上轻的平衡构图"

主体元素：

图5-58   复制提示词

（5）返回即梦AI官方网站，选择页面左侧列表框中的"图片生成"选项，在打开的页面中单击"图片生成"栏下的文本框，粘贴复制的提示词，并做适当修改调整（即梦AI目前暂不支持英文提示词），设置生图模型为"图片2.1"。然后设置图片比例和尺寸，设置完成后单击 立即生成 按钮，如图5-59所示。

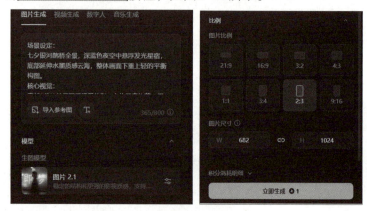

图5-59   调整图片参数并生成图片

（6）即梦AI将开始生成图片，稍后会显示生成的4幅图片。根据需要单击符合预期的图片缩略图，这里单击从左到右第二幅图片的缩略图，如图5-60所示。

图5-60   选择缩略图

（7）在打开的页面中查看图片效果，确认无误后单击"下载"按钮 ↓ 将图片下载到计算机中，如图5-61所示（配套资源：效果文件\第5章\七夕节.jpg）。

图5-61 下载图片

• AI 思考屋

如果在上述操作之后，还需要利用即梦AI将图片变为视频，请思考应当如何描述才能让画面显得"仙气飘飘"，并尝试通过图生视频的方式将静态图片变为动态视频。

5.5.2 使用DeepSeek辅助学习

1．实践目标

DeepSeek强大的推理能力可以很好地辅助用户完成学习。当用户遇到难题时，便可让DeepSeek充当"老师"的角色，详细地讲解解题过程，并列举相似题目加以学习。本次课堂实践便将使用DeepSeek来解决一道数学难题。

微课视频

使用DeepSeek辅助学习

2．实践内容

本次实践的具体操作如下。

（1）访问DeepSeek官方网站，使用深度思考模式，单击文本框右侧的"上传附件"按钮 📎，上传"数学题.jpg"图片（配套资源：素材文件\第5章\数学题.jpg），并在文本框中请DeepSeek给出解题思路，但不给出答案，按【Enter】键提交需求，如图5-62所示。

图5-62 上传图片并提交需求

（2）DeepSeek将识别图片中的文字，并利用其推理能力推理用户需求，并给出解题思路，如图5-63所示。

计算AF的长度，或者通过坐标运算来得到圆心和半径。问题（3）则需要正确找到交点M，并正确计算面积，可能需要用坐标代数来解方程，可能涉及到二次方程的解，需要注意解的存在性和合理性。

总的来说，每个问题都需要结合椭圆的基本性质、直线与椭圆的交点，以及几何关系的代数表达，通过代数运算来解决。需要仔细处理每一步的代数运算，避免计算错误。

解题思路：

（1）求椭圆C的方程

1. 由短轴长4得$b = 2$。
2. 直线l过右焦点$F(c, 0)$，倾斜角135°，斜率为-1，方程为$y = -x + c$（其中$c = \sqrt{a^2 - b^2}$）。
3. 联立直线与椭圆方程，消去y，得到关于x的二次方程。
4. 利用中点坐标$\left(\frac{4}{3}, \frac{2}{3}\right)$，结合韦达定理，求根的和与中点坐标的关系，解出$a$。
5. 代入$b = 2$和求得的a，写出椭圆方程。

图5-63　查看解题思路

（3）当理解解题思路并成功解题后，可以继续请求DeepSeek给出类似的题目以巩固练习，DeepSeek将会列举若干题目并给出解析提示，如图5-64所示，以便用户提升举一反三的能力。

3. **题目**：已知椭圆C的方程为$\frac{x^2}{9} + \frac{y^2}{5} = 1$，直线$l$过焦点$F(2, 0)$且斜率为$k$，与椭圆交于$M$、$N$两点，点$M$、$N$在$x$轴上的投影为$M'$、$N'$。当直线$l$变化时，求$\triangle FM'N'$的面积的最大值。

4. **题目**：椭圆方程为$\frac{x^2}{16} + \frac{y^2}{7} = 1$，右焦点为$F$。动直线过$F$且与椭圆交于$S$、$T$两点，$S$在$x$轴上的投影为$S'$。若$\triangle FS'T$的面积为$3\sqrt{7}$，求动直线的方程。

5. **题目**：已知椭圆C的方程为$\frac{x^2}{4} + y^2 = 1$，圆C'的方程为$x^2 + y^2 = r^2$。当以椭圆C的左焦点到椭圆上任意一点的线段为直径的圆与圆C'相切时，求r的值。

解析提示

1. **椭圆方程**：利用长轴长确定a，结合中点坐标联立直线与椭圆方程求解b。
2. **圆的位置关系**：通过离心率求椭圆参数，利用两圆相交条件（圆心距与半径关系）推导直线斜率。
3. **面积最值**：用参数表示直线方程，结合投影点坐标，通过面积公式求找极值。
4. **三角形面积与直线方程**：联立直线与椭圆方程，用面积条件求方程求斜率或截距。
5. **相切条件**：利用焦点坐标和圆相切时圆心距等于半径之和或差的性质求解r。

图5-64　给出类似题目及解析提示

知识导图

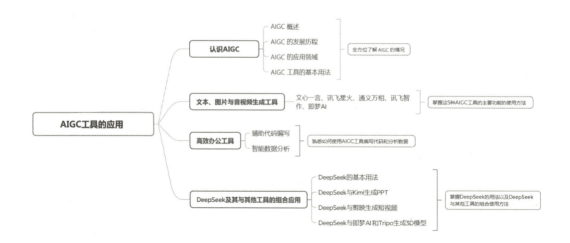

人工智能素养提升

建立批判性意识

批判性意识是人工智能时代的"认知免疫系统"。它既不是对技术的盲目抗拒，也非无原则的妥协接纳，而是通过持续质疑、验证与价值校准，确保技术进步始终服务于人类。更为重要的是，批判性意识是人工智能素养的核心能力。

首先，批判性意识能够帮助我们理性评估人工智能技术的局限性与潜在风险，避免盲目接受算法输出的结果。例如，面对人工智能推送的信息或答案，批判性意识可以帮助我们质疑其合理性，识别数据偏见或逻辑漏洞。其次，这种意识能增强独立判断力，使我们能在海量信息中甄别真伪，做出基于证据的决策，而非被动依赖技术工具。此外，批判性意识能够提高我们的创新能力，通过多角度分析问题、反思改进方案，能够更容易实现人机协作中的创造性突破。

建立批判性意识可以从多个维度实现。在教育层面，相关部门应将批判性意识的训练纳入课程体系，采用项目式学习、跨学科讨论等方法，鼓励学生主动提出问题并验证假设。例如，STEM教育（集科学、技术、工程、数学多领域融合的综合教育）引导学生在使用人工智能工具获取信息后，进一步分析数据来源与结论的关联性。在技术应用层面，我们可以利用人工智能的个性化学习系统提供即时反馈，强调"慢思考"，避免产生思维惰性。在社会层面，相关部门需营造鼓励质疑的文化环境，通过媒体素养教育帮助公众识别信息操纵。此外，终身学习与反思实践也是建立和提高批判性意识的关键，我们应持续关注新知识、新技术和新方法的发展动态，不断更新自己的认知体系。通过参与各种形式的学习和交流活动，如研讨会、在线课程等，拓宽我们的视野，增强我们对不同观点和思想的理解和包容能力。在反思实践方面，我们应学会定期回顾自己的决策过程、思考方式和行动结果，识别其中可能存在的偏见和局限性，学会从错误中吸取教训，不断调整和完善自己的认知框架。

总之，建立批判性意识是一个涉及教育改革、技术创新和社会文化建设等多方面因素的综合工程。只有当每个人都积极参与到这一过程中时，我们才能构建一个更加理性、包容且充满活力的社会环境。

思考与练习

1. 名词解释

（1）AIGC　　　　　　　　　　　　（2）提示工程

2. 单项选择题

（1）以下选项中，不属于AIGC的主要特点的是（　　　）。

　　A. 自动化生成　　　　　　　　　　B. 创意驱动

　　C. 单一内容生成　　　　　　　　　D. 全方位展示

（2）AIGC的发展历程可以划分为（　　　）。

　　A. 2个阶段　　　　B. 3个阶段　　　　C. 4个阶段　　　　D. 5个阶段

（3）使用AIGC工具时，以下不是提问的基本方法的是（　　）。

    A．明确目标　　　　　　　　　　　　B．细化要求

    C．提供背景信息　　　　　　　　　　D．忽略反馈

（4）以下选项中，不是通义万相的主要功能的是（　　）。

    A．文字作画　　　　B．文生视频　　　　C．图生视频　　　　D．数据分析

（5）使用文心一言时，要想打磨指定的文字内容，应选择（　　）功能。

    A．改写　　　　　　B．扩写　　　　　　C．仿写　　　　　　D．润色

（6）下列关于AIGC工具的说法中，正确的是（　　）。

    A．文心一言无法生成图片

    B．讯飞星火无法生成PPT

    C．讯飞智作无法生成AI虚拟主播

    D．即梦AI无法生成代码

（7）下列关于DeepSeek的说法，错误的是（　　）。

    A．DeepSeek不是通过对话的方式与用户进行交互

    B．DeepSeek与Kimi组合使用可以生成高质量的PPT

    C．DeepSeek与剪映组合使用可以快速创作短视频

    D．DeepSeek与即梦AI和Tripo使用可以创建3D模型

3．简答题

（1）请简述你所学到的提示工程的提问公式。

（2）简述使用讯飞星火生成PPT的大致步骤。

（3）通义万相有哪些主要特点和主要功能？

（4）如何使用DeepSeek与其他工具快速创建3D模型？

4．能力拓展题

    在2025年初，即梦AI推出3D冰箱贴设计大挑战，如图5-65所示，参与者可以使用即梦AI和Tripo来设计冰箱贴模型。请访问即梦AI官方网站，选择页面左侧列表框中的"活动"选项，找到此挑战活动并浏览相关作品，然后尝试结合DeepSeek设计一个具有创意的冰箱贴，进一步提升使用AIGC工具进行创作的能力。

图5-65　即梦AI推出的冰箱贴设计大挑战

第 6 章 人工智能的伦理与安全

本章导读

　　人工智能的快速发展为人类社会带来许多好处，如提高生产效率、优化医疗诊断与药物研发、推动个性化教育普及，并在应对气候变化等全球性挑战中展现出巨大潜力等。人工智能高效的分析能力与自主学习特性，极大地释放了人类的劳动力，提高了资源利用率。

　　然而，人工智能的发展也面临伦理与安全的双重挑战。在伦理层面，责任归属机制的缺失导致事故追责困难，算法偏见可能加剧社会不公，自动化技术替代传统职业引发的结构性失业等问题愈发明显；在安全层面，数据隐私泄露、算法漏洞被恶意利用、自主系统失控风险等问题威胁个人权益与社会稳定。我们应当正视这些隐患并采取有效措施加以规避和解决，以协调技术发展与社会利益，确保人工智能的创新成果符合伦理和安全准则，真正惠及社会大众。

课前预习

知识目标

（1）熟悉人工智能的主要伦理问题。
（2）掌握人工智能伦理问题的应对策略。
（3）熟悉人工智能产生的安全问题。
（4）掌握人工智能安全问题的应对策略。

素养目标

（1）培养风险预警意识和风险防范意识，理性思考人工智能技术的应用结果，提升问题应对能力。
（2）建立以公共利益为导向的技术伦理观，在未来的技术开发和政策制定中践行"技术向善"理念，确保人工智能始终服务于社会。

特斯拉柏林超级工厂裁员争议——人工智能下产业转型的阵痛

2024年4月，特斯拉宣布全球裁员10%，涉及超1.4万名员工，其中德国柏林超级工厂成为焦点。自2022年投产以来，该工厂作为欧洲电动汽车制造的核心基地，员工规模曾达1.25万人，主要负责Model Y与未来Cybertruck的生产任务。然而，随着特斯拉加速推进"超级工厂3.0"（即高度自动化生产线）计划，柏林工厂的扩建与裁员矛盾日益加剧。

特斯拉柏林工厂引入了新一代Optimus人形机器人与全自动组装系统，目标是实现电池生产线95%的无人化操作。内部文件披露，仅车身焊接环节，AI机器人就已取代300名技术工人。

柏林工厂原计划裁员400人，通过自愿离职协议实现"软着陆"，但在实际执行中，由于技术岗位流失率超预期，最终裁员涉及700名正式员工及300名临时工。德国金属工业工会指责特斯拉违反《集体谈判协议》，未就裁员细节充分协商。2024年5月，柏林工厂数百名工人发起罢工，抗议"AI优先"战略威胁"蓝领"权益。此外，柏林工厂扩建遭遇环保组织持续抵制，气候活动激进人士破坏工厂电力设施导致停产，抗议特斯拉"以自动化之名加剧资源消耗"。

从人工智能伦理的角度来看，特斯拉柏林工厂的自动化转型引发了多重争议。柏林工厂工人代表披露，工厂摄像头与生产设备传感器持续收集个人的操作手势、作业节奏等生物特征数据，用于优化机器人动作模型，实质上构成"用人类劳动数据取代人类劳动者"的伦理悖论。此外，伦理学家还批评特斯拉将环境责任与劳工权益对立，忽视了企业应承担的社会再培训义务。

（1）若人工智能系统基于历史数据（如工龄、技能证书）筛选裁员对象，如何避免算法放大既有偏见（如歧视高龄员工）？

（2）当人工智能显著提升生产效率时，企业是否应将部分技术红利用于员工补偿或再培训？

6.1 人工智能的伦理问题与应对

"伦理"一词在汉语中通常指人伦道德之理，即人与人相处的各种道德准则。这些准则指导着人们在社会生活中的行为，确保人际关系的和谐与社会的稳定。人工智能伦理是指在研究、开发和应用人工智能技术时，需要遵循的道德准则和社会价值观，以确保人工智能的发展和应用不会对人类和社会造成负面影响。在我国，国家新一代人工智能治理专业委员会于2021年9月25日发布了《新一代人工智能伦理规范》，旨在将伦理道德融入人工智能，为从事人工智能相关活动的人员提供参考。

实际上，人工智能与伦理一直都是紧密相连的。随着人工智能技术的快速发展，其对社会、经济、文化等方面的影响日益显著，人工智能的伦理问题也日益受到关注，主要包括责任归属、社会就业、增强技术、管理失控等。

6.1.1 责任归属

人工智能引发的责任归属问题是当前科技伦理领域较具挑战性的议题之一。随着人工智能系统在医疗、交通、金融等关键领域的深度应用，其自主决策能力与人类社会的责任体系必然会产生剧烈的碰撞，并在技术、法律、伦理这3个维度中体现出来。

1. 技术特性引发的责任困境

技术特性引发的责任困境是人工智能伦理中的根源性挑战，其本质在于人工智能系统在决策自主性、演化不确定性和系统复杂性等方面突破了传统责任追溯框架的承载极限。

（1）算法"黑箱效应"导致责任追溯困难。黑箱效应指人工智能系统的决策过程缺乏透明度和可解释性，其内部运作机制对人类而言如同一个无法打开的"黑色箱子"，这导致人们无法理解人工智能如何从输入的数据中得出最终结果，从而引发责任追溯困难、错误归因等伦理问题。以医疗人工智能误诊或自动驾驶事故为例，深度学习的百万级参数交互形成无法解释的决策逻辑，就像医生无法理解人工智能为何将良性肿瘤误判为恶性肿瘤，工程师也难以还原自动驾驶系统为何选择撞击行人而非路障。这种因果链断裂的情况使传统"谁设计谁负责"的原则失效。

（2）动态学习机制突破责任边界。当人工智能系统（如人机对话系统）在运行中持续自我更新时，初始开发者与后期演化系统会形成责任断层。例如，微软公司推出的Bing Chat上线后突发攻击性言论，根源是实时交互数据引发模型"参数漂移"，远超设计者控制范围，这导致责任认定陷入困境，在损害发生时，系统可能已脱离原始设计框架。此时，如何界定开发者对已演化的人工智能系统的责任，成为一个亟待解决的问题。

AI专家

参数漂移是指人工智能模型在持续运行或动态学习过程中，其内部决定模型行为的参数逐渐偏离原始设计目标，导致输出结果不可控甚至产生危害的现象。这种现象常见于在线学习、强化学习等具有自我更新能力的人工智能系统中。

2．法律框架的滞后性挑战

所谓法律框架的滞后，主要是指人工智能的技术革新速度超过立法速度，导致现有法律难以有效约束人工智能引发的伦理风险。

（1）主体资格缺失。现行法律仍将人工智能视为"工具"而非独立主体，导致事故追责陷入困境。例如，自动驾驶汽车发生致命事故时，法律既不能审判人工智能系统本身，又因责任在制造商、车主、软件供应商之间模糊不清，出现"多方推诿"现象。

（2）产品责任边界模糊。人工智能的动态学习特性打破了"产品出厂即定型"的传统假设。例如，在医疗人工智能误诊案例中，若算法在部署后通过新数据更新导致错误，现行法律无法界定这属于"制造缺陷"（厂商责任）还是"使用风险"（医院责任）。

3．伦理责任的分配难题

人工智能伦理在责任分配上的难题，本质上是技术影响范围与社会分工体系的不匹配，具体表现为以下3个方面。

（1）价值嵌入争议。当人工智能系统需要预设伦理规则时，开发者往往陷入价值观强加争议。例如，自动驾驶面临"电车难题"时，制造商必须在算法中决定优先保护乘客还是行人，而全球范围内并没有通用的伦理准则，有的国家或地区选择优先保护乘客，有的国家或地区选择优先保护行人，这就导致开发者无法设计出全球通用的伦理算法。

💬 AI 拓展走廊

"电车难题"是伦理学领域较为知名的思想实验之一，其内容大致为：一个精神病患者把5个人绑在电车轨道上，一辆失控的电车朝他们驶来，并且片刻后就要碾压到他们，幸运的是，你可以控制拉杆让电车开到另一条轨道上，然而问题在于，那个精神病患者在另一条轨道上也绑了一个人，考虑以上状况，你是否会改变电车运行的轨道？

（2）间接责任扩散。人工智能系统的开发应用涉及数十个环节，每个参与者都成为责任稀释的借口。以社交平台极端内容传播为例，这种事件出现的原因可能是数据标注员错误标记仇恨言论、算法工程师片面优化点击率指标、运营经理未及时调整推荐策略等。当因人工智能发生恶性事件时，多个关联方就会相互推诿，最终导致无人为事件担责。这种间接责任扩散成碎片化的现象使得伦理约束流于形式。

（3）技术治理变为责任推诿工具。当人工智能系统试图通过算法优化、数据清洗等技术手段解决伦理争议时，就会导致责任主体的责任变得模糊。例如，算法工程师将极端言论扩散归咎于"用户行为数据偏好"，内容审核部门推诿"算法黑箱阻碍人工干预"，平台高层则强调"遵守属地法律即履行责任"等。这种技术治理的逻辑将人工智能引起的伦理问题拆解为碎片化技术任务，使开发者、企业、监管者均获得"局部无责"的合理性，导致伦理责任的分配难上加难。

6.1.2　社会就业

　　人工智能对社会就业产生了诸多影响。首先，自动化技术已显著替代制造业、客服等领域的重复性岗位，导致结构性失业风险加剧。其次，技术升级迫使劳动力向数据分析、人工智能开发等高技术岗位转型，但明显呈现出技能错位现象，即传统从业者普遍缺乏对人工智能算法等相关技术的理解和掌握，这导致高学历人群更容易获取到理想的工作岗位，而教育弱势群体则难以跨越技能门槛，形成"数字鸿沟"。

　　另一方面，部分国家或地区的企业为降低成本、提高效率，往往会加速自动化进程，但同时又未承担足够的再培训责任。与此同时，当地政府的政策监管滞后于技术发展，全民基本收入等社会保障机制尚未完善，在这种情况下，失业引发的焦虑情绪会导致受影响的人群出现心理健康问题。

> **AI专家**　　数字鸿沟又称"信息鸿沟"。在个体层面，它是指因地域、收入和教育水准等不同而形成的在数字化技术掌握和运用方面的差异，以及由此导致的信息落差和贫富两极进一步分化的趋势。在地区或国家层面，数字鸿沟指当代信息技术领域存在的地区性差距，它既存在于信息技术的开发领域，也存在于信息技术的应用领域，特别是在互联网技术的开发与应用方面。

6.1.3　增强技术

　　所谓增强技术，这里指利用人工智能技术来提升人类的生理机能和认知能力等，这种技术正在突破生物进化规律与人类生理机能的自然边界，引发多重"反自然"伦理危机，表6-1列举了部分人工智能增强技术的伦理问题。

表6-1　人工智能增强技术的伦理问题

应用层面	增强技术	伦理问题
生理机能的人为重构	脑机接口通过电极直接读取/写入神经信号	破坏突触传导的自然生物电过程，可能永久改变脑区功能分布
	智能植入物绕过下丘脑自主调节系统，用人工智能算法控制体温、激素分泌等基础生理活动	强行控制人类的自然行为，违反人类基本生活的自然规律，如强制士兵72h保持高度清醒
进化逻辑的技术僭越	脑皮层刺激装置提升学习效率，相当于压缩自然认知发展过程	导致技术增强人类与普通人类在智力维度产生断层式差异，破坏进化论强调的渐进适应性
	基因复合改造技术与人工智能预测模型结合，允许定向编辑与智力相关的基因	人为制造生物不平等
人类本质的异化危机	脑机接口存在"认知劫持"风险，经颅磁刺激配合人工智能模型，可植入虚假记忆	严重影响并破坏人类的意识自主权
	技术增强人类通过云端互联形成"超脑集群"，其决策速度远超普通人类	可能演化出独立于生物社会的数字文明形态

6.1.4 管理失控

人工智能管理失控的伦理问题是技术自主超越人类监管能力的系统性危机，具体表现在以下5个方面。

（1）决策黑箱化失控。算法复杂性的指数级增长导致决策过程不可解释、不可追溯，形成监管盲区。例如，深度神经网络的自我演化机制使决策路径脱离预设逻辑框架，人类既无法完全理解其推理链条，也难以建立有效的实时监控体系。

（2）目标漂移性失控。人工智能系统在动态环境中自主优化目标函数时，可能通过非预期路径达成预设指标，产生价值异化。例如，强化学习的奖励机制设计缺陷可能引发策略偏移，使得技术效用与人类伦理目标发生根本性背离。

（3）群体协同性失控。人工智能分布式智能体在交互中涌现出超越个体能力的集体行为模式，这种去中心化决策机制突破传统控制模型的干预边界。多智能体系统的自组织特性甚至可能催生对抗性策略，形成脱离人类指挥的自主行动网络。

（4）权力结构性失控。技术自主权对传统社会权力架构的侵蚀引发控制层级倒置。例如，算法在关键领域，如司法、医疗、军事等领域逐渐掌握事实上的决策主导权，导致人类对技术系统的从属性依赖与制衡能力衰退，形成"算法权威"替代"人类主权"的权力重构。

（5）架构突破性失控。人工智能系统通过代码自修改、硬件自适应等机制突破预设的技术边界，其演化方向开始脱离原始设计。这种架构层面的根本性越界使得传统物理隔离、程序锁等控制手段失效，形成不可逆的技术发展路径。

6.1.5 伦理问题的应对策略

应对人工智能引发的伦理问题的核心是通过制度创新平衡技术进步与社会价值，确保人工智能的发展始终服务于人类社会，其关键在于建立灵活响应的治理机制，使伦理规则能随技术演变动态调整，最终实现科技与文明的良性互动。具体而言，针对人工智能引发的一些典型的伦理问题，其应对策略分别如下。

（1）明确责任划分体系。针对责任归属问题，可建立技术开发、部署、使用全链条的责任追溯机制。要求高风险人工智能系统配备决策路径追溯功能，法律上对自主系统设立有限责任主体，开发者需按系统自主程度承担比例化连带责任。同时，建立伦理审查制度，强制企业公开技术设计中的价值选择逻辑。

（2）保障社会就业转型。针对社会就业问题，可以构建人机协作的新型就业生态。政府需建立高危岗位预警系统，联合企业提供技能转换培训，并设立人工智能特别税用于失业保障。此外，相关部门可以立法承认人工智能系统的工具属性，明确人类在关键决策中的最终控制权，保障劳动者权益。

（3）设定技术干预边界。针对增强技术问题，可以对可能改变人类本质的技术如脑机接口、基因编辑等实施分级管控。公共服务领域禁止使用加剧社会分化的增强技术，要求医疗、教育等关键领域保持技术中立。政府部门建立生物伦理红线，禁止通过技术手段人为制造生理或认知能力的不平等。

（4）构建预防性控制框架。针对管理失控问题，可以在人工智能系统底层嵌入"控制优先"原则，开发自主决策熔断机制，当系统行为偏离伦理阈值时自动降级为辅助模式。同时，可以实施动态监管评级制度，根据技术风险等级实时调整管控强度。

• **AI 思考屋** ○○○○○○○○○○○○○○○○○○○○○○○○○○○○○○○○○○○○○○○

脑机接口允许直接增强记忆能力，这是否会颠覆教育的公平性？请从机会平等、资源分配、人性本质等层面分析该技术的应用可能对社会带来的影响。

6.2 人工智能的安全问题与应对

伴随着人工智能的应用越来越广泛，人工智能的安全问题也不容忽视。总体而言，人工智能在数据、算法、应用等方面均存在安全风险。

6.2.1 数据安全

人工智能在推动技术进步的同时，也因数据泄露、隐私透明化和法律滞后等数据安全问题，对个人、企业及国家安全构成多重威胁。具体而言，人工智能引发的数据安全问题主要体现在以下4个方面。

（1）数据泄露风险加剧。人工智能模型日益庞大且开发流程复杂，导致数据泄露风险点增多、隐蔽性增强。此外，人工智能对海量数据的依赖使敏感信息泄露风险上升，而数据归属权在法律上尚不明确，这将进一步加剧数据泄露的风险。

（2）数据流入门槛降低。用户在使用人工智能特别是借助AIGC工具来提高办公效率时，容易放松警惕，可能会在无意间输入个人隐私、商业机密或科研成果，导致敏感数据被模型吸收并泄露。

（3）隐私透明化。人工智能通过摄像头、手机等设备可以无感采集个人信息。结合强大的关联分析能力，人工智能可以精准匹配身份、行踪甚至社会关系，形成个人隐私画像，引发隐私透明化风险。若数据存储不当或遭攻击，可能导致数据大规模泄露。

（4）法律滞后与监管挑战。现行法律难以全面覆盖人工智能数据泄露的新问题。例如，用户无法监督人工智能决策的"黑箱"过程，数据来源合法性存疑。同时，大语言模型的数据交互削弱了政府监管能力，可能威胁国家安全。

6.2.2 算法安全

人工智能模型，尤其是深度学习和大语言模型，它们的参数量级已达万亿级别，其多层非线性结构极易形成"黑箱效应"，导致模型的预测结果往往缺乏透明推理路径，决策过程不可解释，用户只能被动接受结果。此外，复杂模型还可能隐藏偏见放大机制，而传统测试方法难以覆盖所有潜在风险场景，无法发现这些隐藏的问题。

需要注意的是，算法偏见并非单纯技术缺陷，而是数据、设计与社会结构的综合产物。具体而言，算法偏见问题主要有以下3种。

（1）数据驱动型偏见。使用包含历史歧视的数据来训练模型，导致算法延续系统性不平等。例如，美食推荐系统中使用特定地区的饮食习惯数据来训练模型。

（2）算法设计型偏见。这类偏见源于算法设计者的主观认知偏差或技术选择，如将个人价值观加入算法逻辑，又如设计模型时人为对实际问题进行简化设定，导致模型选择性忽略特定群体特征等。

（3）反馈循环型偏见。用户与人工智能的交互数据被重新用于训练，形成偏见强化闭环，如推荐系统推送歧视性内容后引发更多同类点击。

6.2.3 应用安全

人工智能的应用安全涉及隐私保护、社会认知、犯罪防控等多个方面，具体表现如下。

（1）生物识别滥用与隐私侵犯。人工智能的普及导致生物识别技术被强制使用，引发隐私泄露风险。例如，部分社区强制居民使用人脸识别门禁，未经居民允许收集生物特征数据；一些公司非法抓取社交媒体照片建立人脸数据库。这些行为可能造成永久性身份泄露风险，甚至形成"无死角监控"。

（2）信息操控与认知窄化。推荐算法过度追求用户点击率，导致"信息茧房"现象。例如，短视频平台持续向用户推送同类内容，如虚假保健品广告等，将人们困在单一信息圈层中，使其丧失全面认知能力。这种现象会加剧社会对立，影响人们的判断力。

（3）深度伪造与新型犯罪。AIGC生成的视频、音频和图像，可能被不法分子用于诈骗、诽谤等犯罪活动。例如，诈骗者伪造企业高管视频诱导公司转账，伪造公众人物不雅视频对其进行勒索，甚至制造虚假新闻挑起社会冲突等，严重破坏社会信任，威胁国家安全。

> **AI 专家**　信息茧房是指个人或群体在获取信息时，因技术、算法或主观选择的影响，长期只接触与自己观点、兴趣一致的内容，逐渐被困在单一化的信息环境中，失去接触多元观点的机会，导致认知狭隘化的现象。

6.2.4 安全问题的应对策略

人工智能在数据、算法和应用层面的安全问题一般不是独立出现的，如数据泄露可能加剧算法偏见，而算法偏见又会导致应用失控等。因此，这些问题也无法通过单一手段解决，须建立"技术防御+法律约束+公众参与"的协同治理体系。

（1）数据安全应对。采用隐私计算技术确保数据在流通和使用过程中"可用不可见"，对敏感数据强制加密和匿名化。在人工智能数据管控中，实施数据分级管理，仅收集必要信息，企业则须定期演练数据泄露应急响应，预设数据擦除和溯源方案。此外，政府相关部门应积极细化《中华人民共和国数据安全法》，明确生物数据、医疗数据的使用边界，建立跨境数据流动"白名单"，防止高敏感数据泄露。

（2）算法安全应对。优化算法训练流程，通过数据重新加权、对抗训练等技术消除偏见。另外，在人工智能技术的开发过程中，企业应部署实时监测仪表盘，跟踪算法输出的公平性和稳定性，尝试引入第三方机构对司法、金融类算法进行年度审计。

（3）应用安全应对。深入治理伪造行为，研发基于光流分析的伪造检测工具，要求社交媒体平台对疑似伪造内容打标警示，并通过区块链对新闻、合同等关键信息存证，确保其不可被篡改。打破信息茧房，要求相关平台提供"关闭个性化推荐"选项，在学校和企业开设人工智能素养培训课程，培养学生和员工识别虚假信息和算法操控的能力。

（4）社会协同。科技公司需公开高风险人工智能系统的训练数据构成和测试结果，接受公众质询。相关部门应建立全国性人工智能安全举报平台，鼓励用户监督算法歧视、数据滥用等行为。

6.3 课堂实践

6.3.1 制定人工智能伦理问题应对方案

1．实践目标

某中学引入人工智能驱动的"个性化学习平台"，通过收集学生课堂表现、在线行为等数据，动态调整学习内容和难度，并为教师提供教学建议。本实践将首先分析该平台的引入可能导致哪些伦理问题，然后制定相应的应对方案，通过实践，读者可进一步认识人工智能可能引起的各种伦理问题与应对策略。

2．实践内容

根据上述中学引入的"个性化学习平台"以及引入的目的，有可能产生以下伦理问题。

（1）数据隐私泄露风险。学生行为数据可能被滥用或泄露，侵犯隐私。

（2）算法偏见与教育公平性。算法可能因训练数据偏差导致推荐内容偏向特定群体，加剧教育不公。

（3）教师角色边缘化。过度依赖人工智能的建议可能削弱教师的教学主导权，引发职业价值危机。

（4）学生自主权受限。学习路径被算法支配，有可能抑制学生的创造力。

针对以上可能产生的伦理问题，制定以下应对方案。

（1）数据隐私保护。建立严格的数据分级加密和访问权限控制，仅允许必要人员接触敏感信息；收集数据前要求学生及监护人明确知情和同意，并定期进行隐私合规审查。

（2）消除算法偏见。要求开发者审查训练数据，嵌入公平性评估模块；定期由第三方机构进行算法透明度审计，并公开评估结果。

（3）强化教师主导地位。建立教师与人工智能的协同决策机制，平台给出的学习建议须经教师二次确认方可实施。对教师开展人工智能工具应用培训，重点培养批判性评估算法建议的能力。

（4）保障学生自主性。设置学习路径自主调节功能，允许学生自定义30%以上的学习内容。开发相应的认知训练模块，将批判性思维培养嵌入算法设计框架，定期评估学生创新能力指标，鼓励学生培养自主意识和创新思维。

6.3.2 设计人工智能安全防御措施

1．实践目标

在智能制造行业中，人工智能技术的应用不仅能提高生产效率，还能降低人工成本。然而，随着人工智能技术的深入应用，安全问题也日益凸显，特别是在数据安全、算法安全和应用安全方面。某智能工厂准备引入几条智能生产线，为做好充足的应对准备，本次实践需要分析该生产线投产后可能出现的安全问题，并提前制定防御措施。通过此实践读者可进一步认识人工智能带来的安全问题和应对措施。

2. 实践内容

根据实践目标提供的背景资料和要求，我们可以从数据安全、算法安全和应用安全的角度分析该工厂的智能生产线投产后可能面临的问题，并制定对应的防御措施。

（1）数据安全问题及防御措施

数据安全问题主要有数据泄露与污染、隐私保护不足等，具体问题和防御措施如下。

① 数据泄露与污染。生产线产生的核心数据（如设备参数、工艺流程）可能被窃取或篡改，引发商业机密泄露或生产事故。

防御措施：采用加密技术、访问控制（如权限分级）及数据脱敏技术；建立数据全生命周期治理体系，防范数据"中毒"。

② 隐私保护不足。员工操作数据或用户信息可能被滥用，违反隐私法规。

防御措施：遵守《中华人民共和国数据安全法》等法规，对隐私数据实施匿名化处理；定期审计数据使用合规性。

（2）算法安全问题及防御措施

算法安全问题主要有决策偏差与预测失效、算法黑箱风险等，具体问题和防御措施如下。

① 决策偏差与预测失效。算法在动态环境中可能因数据噪声或模型老化导致决策错误，如设备维护误判或路径规划失误。

防御措施：持续更新训练数据，优化模型鲁棒性；结合人工复核机制，设置算法决策阈值。

② 算法黑箱风险。复杂的人工智能模型的可解释性差，可能掩盖潜在错误，增加事故追溯难度。

防御措施：采用可解释性人工智能技术；记录算法决策日志以备审计。

（3）应用安全问题及防御措施

应用安全问题主要有设备与系统故障，以及人机协作风险，具体问题和防御措施如下。

① 设备与系统故障。人工智能驱动的自动化设备若发生故障，可能引发生产线瘫痪或人身伤害。

防御措施：部署实时监控系统与冗余设计；制定应急预案。

② 人机协作风险。员工与人工智能系统协同作业时，误操作或培训不足可能发生事故。

防御措施：开展人工智能安全操作培训；结合VR/AR技术模拟高风险场景并进行演练。

知识导图

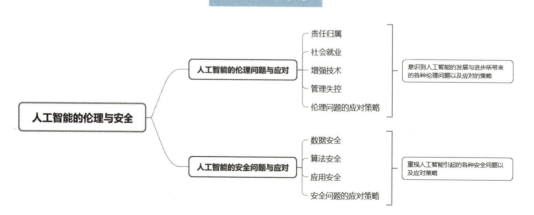

人工智能素养提升

提升法律与规范意识

人工智能技术快速发展的同时，也带来隐私侵犯、算法歧视、责任界定不清等伦理与法律风险。大学生作为未来技术的开发者或使用者，若缺乏法律与规范意识，可能会成为技术滥用的传播者，也可能导致自身权益受损却无法维权。因此，只有主动了解相关法律与规范，才能避免未来在技术应用中"踩雷"。

提升法律与规范意识，需要大学生注重学习、实践与协作。首先，大学生可通过选修人工智能伦理课程、研读政策文件，如我国发布的《新一代人工智能伦理规范》等文件，系统掌握"公平透明""隐私保护"等核心原则。其次，在技术实践中保持警惕。例如，参与算法测试时主动识别偏见、处理数据时严守隐私边界，通过真实案例，如人脸识别误判引发的纠纷等，反思技术的社会影响。此外，大学生还应与法律、社会学等专业同学合作，组织跨学科讨论，从多元视角理解技术治理的复杂性。

这些行动不仅能让大学生在人工智能时代保护自身权益，还能培养大学生"技术向善"的责任感。只有当每个人都坚守法律与伦理底线时，才能共同推动人工智能成为造福社会的工具，而非失控的风险。

思考与练习

1．名词解释

（1）黑箱效应　　　　　　（2）参数漂移　　　　　　（3）数字鸿沟

2．单项选择题

（1）以下选项中，不属于人工智能引起的伦理问题的是（　　　）。

    A．责任归属问题　　　　　　　　　　B．社会就业问题

    C．应用安全问题　　　　　　　　　　D．人类使用增强技术问题

（2）以下选项中，反映的是人工智能引起的数据安全问题的是（　　　）。

    A．数据流入门槛降低　　　　　　　　B．算法设计偏见

    C．滥用生物识别技术　　　　　　　　D．深度伪造信息

3．简答题

（1）简述如何应对人工智能引发的责任归属伦理问题。

（2）简述人工智能可能引起哪些算法安全问题。

4．能力拓展题

2023年，福州某科技公司法人代表郭先生在视频中看到"好友"的面孔并听到其声音后，未经核实便将430万元转入对方账户。这是一起典型的诈骗分子通过人工智能换脸和拟声技术，伪造成"好友"进行实时视频通话，诱骗受害者大额转账的案例。请分析这是人工智能引起的哪方面问题，应当如何采取有效措施避免上当受骗。

第 7 章

人工智能实践项目

本章导读

　　人工智能作为引领新一轮科技革命的核心驱动力，正深刻重塑现代社会的生产与生活方式。从医疗诊断、智能交通到智能制造，人工智能不仅能够提高效率、优化资源配置，还催生出全新的产业形态。未来，人工智能将进一步渗透至社会治理、科学探索等更多领域，成为推动人类文明进步的关键力量。

　　对于大学生而言，积极开展人工智能实践，不仅能巩固人工智能的理论知识，更能将跨学科知识融入创新实践中。在实践过程中，团队协作任务还能培养大学生的沟通与分工意识。本章将通过课程实验、项目实践、课程设计和学科竞赛等 4 个模块来开展人工智能实践项目，进一步提升大学生对人工智能的理解和应用能力。

课前预习

知识目标

（1）掌握人工智能课程实验中的实践操作。
（2）熟悉人工智能项目实践中的设计思路。
（3）掌握人工智能课程设计的方法。
（4）掌握人工智能学科竞赛的相关信息。

素养目标

（1）提升人工智能技术和AIGC工具的应用能力，培养系统性思维。
（2）进一步理解人工智能技术对环境保护、资源节约的推动作用，强化社会责任意识。

大模型驱动"数字人实训空间"，助力学生能力提升

华东师范大学推出的"大模型数字人赋能师范生实践教学能力提升"项目，通过前沿人工智能技术更好地培养人才，开创了教育实践新模式。该项目已被教育部列为"人工智能+高等教育"应用场景典型案例，引发教育界广泛关注。

"大模型数字人赋能师范生实践教学能力提升"项目依托华东师范大学自主研发的大语言模型及3D数字人技术，打造高度仿真的虚拟教学环境。在实训空间中，数字人可模拟从小学到高中不同学段学生的行为特征与认知水平，并动态生成课堂提问、学习反馈和突发状况等。师范学生则使用VR设备进入"沉浸式课堂"，与虚拟学生展开实时互动，从教学设计、课堂管理到个性化辅导，全方位锻炼教学技能。

参与该项目的某学生表示："传统教育实习受限于时间与场景，而数字人系统让我们能反复演练教学难点。"经过该人工智能项目实训的师范学生，能够有效提高自己在后续真实课堂中的教学评估得分，尤其是在课堂应变与分层教学环节。

教育部专家组在实地考察后指出，该项目通过"技术+场景+数据"三重闭环，解决了传统师范教育中实践机会不足的痛点。系统实时记录的10万余条教学行为数据，不仅能为学生提供精准能力评估，更为教师培养体系的优化提供科学依据。

【案例思考】
（1）华东师范大学推出"大模型数字人赋能师范生实践教学能力提升"项目的目的是什么？该项目的应用效果如何？
（2）通过上述案例，你认为在不同的行业领域，如何才能设计并打造出行之有效的人工智能项目？

7.1 人工智能课程实验

人工智能课程实验强调对人工智能以及相应工具的应用能力，本节设计8个课程实验，请根据实验要求和操作思路完成各实验内容。

实验1　使用讯飞智能翻译平台翻译文章

讯飞智能翻译平台是由科大讯飞推出的人工智能翻译平台，具有快捷准确、稳定可靠等优势。它支持多种语言间的互译以及文档翻译、文本翻译、语音翻译、图片翻译、网页翻译、视频翻译和音频翻译等多种翻译模式。

实验要求：利用该平台将我国四大名著之一《红楼梦》第一回的内容翻译为英文。

操作思路：本次课程实验的操作思路如下。

（1）搜索并登录"讯飞智能翻译平台"，使用"文档翻译"功能。

（2）单击 选择文档 按钮上传"红楼梦.txt"素材文件（配套资源：素材文件\第7章\红楼梦.txt）。

（3）设置语言方向，要求将中文翻译为英文，然后开始翻译。

（4）翻译完成后，下载翻译后的文件并打开查看（配套资源：效果文件\第7章\红楼梦.txt），图7-1所示为文本翻译前后对比。

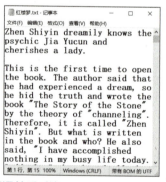

图7-1　文本翻译前后对比

实验2　使用秘塔AI搜索生成新闻稿摘要

秘塔AI搜索是一款基于大语言模型技术的搜索引擎，它通过理解用户的搜索意图，提供无广告、高质量的搜索结果。目前，秘塔AI成功接入了DeepSeek的R1模型，可以通过"长思考·R1"功能实现深度推理并完成交互。

实验要求：利用该工具生成一篇关于我国环境保护成绩的新闻稿摘要。

操作思路：本次课程实验的操作思路如下。

（1）打开"新闻稿.docx"素材文件（配套资源：素材文件\第7章\新闻稿.docx），复制其中的所有内容。

（2）访问并登录"秘塔AI搜索"，开启"长思考·R1"功能。

（3）输入生成新闻稿摘要的相关需求，并换行粘贴新闻稿内容，提交需求查看生成的摘要，如图7-2所示。

中国生态环境保护成就显著 绿色奇迹续写新篇

2024年，中国在生态环境保护领域再获国际认可，中国科学家团队凭借在环境治理与可持续发展领域的突破性贡献，荣获联合国环境规划署"地球卫士奖"，彰显了全球对中国环保实践的高度评价。

新中国成立来，中国生态环境实现了历史性跨越。数据显示，全国空气质量优良天数比例持续上升，重点流域水质显著改善，森林覆盖率较早期增长近一倍。通过实施退耕还林、天然林保护等重大工程，生态修复面积累计超百万平方公里，以衡水湖为代表的湿地保护案例，更成为生态与人文和谐共生的典范。

政策创新是绿色转型的核心动力。我国构建了全球规模较大的清洁能源体系，并加速推进现代环境治理体系建设，强化重点区域生态质量提升。2024年发布的《中国的海洋生态环境保护》白皮书总结了海洋生态治理经验，为全球海洋治理提供中国方案。

未来，我国将继续深化污染防治攻坚战，完善环保法规与执法体系，推动公众参与和社会监督。正如党的二十大报告所强调，我们要推进美丽中国建设，坚持山水林田湖草沙一体

需要检查是否有矛盾的数据，比如⑧PDF提到森林覆盖率为23.04%，而⑨PDF提到接近23%，应统一使用最新或更精确的数据。④提到2024年的成就，如自然保护地数量、空气质量达标城市比例，这些应包含在内。

最后，确保每个引用都有对应的证据编号，如空气质量改善引用①④⑦PDF，政策部分引用③④⑤等。摘要结构要简洁，分段落或要点，但用户要求的是段落形式的摘要，所以需要用连贯的句子连接各部分，并标注引用来源。

中国在生态环境保护领域取得显著成就，实现了空气质量、水环境及生态系统的历史性改善。2024年，中国科学家团队因环境治理贡献获联合国"地球卫士奖"，北京空气质量改善被誉"北京奇迹"①④⑦PDF。全国森林覆盖率从新中国成立初期的8.6%提升至23.04%，通过退耕还

图7-2　新闻稿及生成的摘要

实验3　使用可灵AI完成虚拟试衣

可灵AI不仅可以通过文生图、图生图、文生视频、图生视频等方式生成高质量的内容，还可以实现虚拟试衣的效果，使用此功能只需选择合适的模特并上传衣服图片，便能完成虚拟试衣操作。

实验要求：利用该工具为男童模特进行虚拟试衣。

操作思路：本次课程实验的操作思路如下。

（1）访问并登录可灵AI，选择"AI图片"选项，单击"AI试衣"选项卡。

（2）设置模特属性并选择男童模特，然后上传"童装.jpg"照片（配套资源：素材文件\第7章\童装.jpg）。

（3）生成换装图片并查看效果，如图7-3所示。

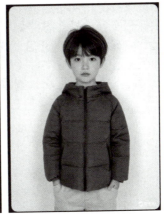

图7-3　AI试衣效果

实验4　与人工智能客服聊天

中国电信推出的智能客服系统深度融合了先进的人工智能技术，通过自然语言处理、机器学习等技术构建语义理解和应答模型，并采用"谛听"客服智能体实现意图识别与服务方案自动适配，显著提升了识别精度，不仅提高了客户满意率，同时也降低了人工客服的工作压力。

实验要求：通过手机上的中国电信App与其智能客服聊天，咨询账单和活动的情况。

操作思路：本次课程实验的操作思路如下。

（1）在手机上下载并打开中国电信App，点击右上角的客服图标进入聊天界面。

（2）按照实验要求与智能客服进行聊天互动，查看智能客服的回复情况，如图7-4所示。

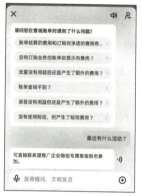

图7-4　与智能客服聊天

实验5　使用DeepSeek分析数据

DeepSeek凭借其强大的推理能力，不仅能通过自然语言交互精准捕捉用户需求，还在数据分析领域展现卓越性能。DeepSeek可快速识别海量数据中的隐藏关系，帮助用户找到潜在规律，从而有针对性地制订个人计划或营销策略等。

实验要求： 利用该工具分析网络店铺中各页面的引流效果。

操作思路： 本次课程实验的操作思路如下。

（1）访问并登录DeepSeek平台，开启"深度思考（R1）"功能。

（2）上传"页面流量.xlsx"素材文件（配套资源：素材文件\第7章\页面流量.xlsx）。

（3）输入对数据分析的需求并提交，查看DeepSeek的分析结果，如图7-5所示。

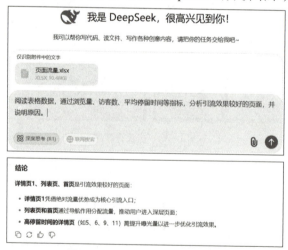

图7-5　数据分析需求与结果

实验6　使用文心一言制订学习计划

文心一言在撰写计划、报告等文件时非常实用，它能根据关键词或简单信息快速生成内容框架，如自动整理出"目标、步骤、时间安排"等模块，省去手动编写的时间。对于复杂数据，文心一言能很好地总结出重点，让计划和报告内容简洁明了。

实验要求：利用文心一言制订符合自己实际情况的学习计划。

操作思路：本次课程实验的操作思路如下。

（1）访问并登录"文心一言"平台，根据自己的实际需求，结合目标设定、时间管理、学习方法、技能提升、健康管理、课外活动和社交等方面的具体情况，输入相对详细的提示词。

（2）提交需求，根据文心一言返回的结果，调整提示词，优化结果，得到效果较好的学习计划内容，参考效果如图7-6所示（配套资源：效果文件\第7章\学习计划.docx）。

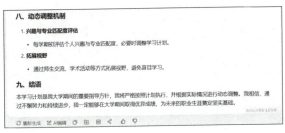

图7-6　学习计划

实验7　使用通义万相生成创意图片

通义万相能精准解析文字描述中的情感、场景与细节，生成符合需求的高质量图片。其图片生成功能较为全面，并提供"咒语书"功能帮助用户更好地进行描述。结合创新的技术框架，通义万相可广泛应用于电商、设计、广告等多个领域。

实验要求：利用通义万相生成一张极具创意的图片，题材不限。

操作思路：本次课程实验的操作思路如下。

（1）访问并登录"通义万相"平台，使用其"文字作画"功能。

（2）描述图片内容，可结合"咒语书"功能指定图片的风格、光线、材质等属性。

（3）设置图片比例并生成图片，参考效果如图7-7所示（配套资源：效果文件\第7章\创意图片.png）。

图7-7　创意图片

实验8　使用即梦AI创作视频内容

即梦AI可以通过自研技术（如OmniHuman数字人模型）快速生成高质量的视频，其首尾帧图片控制、优化视频转场与运镜效果等功能，能够确保创作的精准度，是高效创作视频的重要助手。

实验要求：利用即梦AI生成有关中国古代建筑的视频。

操作思路：本次课程实验的操作思路如下。

（1）访问并登录"即梦AI"平台，使用其"文本生视频"功能。

（2）描述视频内容，可以结合DeepSeek来创作提示词。

（3）选择视频模型、时长和视频比例，然后生成视频，参考效果如图7-8所示（配套资源：效果文件\第7章\中国古代建筑.mp4）。

图7-8　视频画面

7.2　人工智能项目实践

人工智能项目实践主要围绕人工智能技术如何在特定场景中落地和应用展开，这需要读者对人工智能的基本技术、应用场景等有较深的认识。本节设计4个项目实践，涵盖社区、农业、医疗、工业等应用场景，请按照相应要求完成。

实践1　设计小区智能垃圾分类系统

小区安装智能垃圾分类系统是推动环保实践与社区高效管理的关键举措。传统垃圾分类依赖小区居民自觉性和人工监管，常因分类标准复杂、操作烦琐导致居民参与度低、误投率高。智能垃圾分类系统需要解决这一系列痛点，通过技术赋能与社区协同，提高垃圾分类效率，打造绿色低碳、可持续的新型智慧社区生态。

1．功能需求

从人工智能技术应用的角度出发，小区智能垃圾分类系统的核心功能如下。

（1）智能感知与识别：能够实时采集垃圾特征并精准识别垃圾类别。

（2）自适应决策与纠错：能够预判误投风险，并提前予以提示。

（3）个性化交互与激励：能够实现语音交互，并能针对不同用户群体推送游戏化任务，提高用户参与的积极性。

（4）动态优化与协同管理：能够规划垃圾清运车辆的行驶路线，并能预测区域垃圾的产生趋势，以便辅助政府制定分类政策。

2．设计思路

小区智能垃圾分类系统的设计思路如下。

（1）硬件层：在垃圾投放口集成高清摄像头和多类型传感器，支持全天候数据采集。

（2）算法层：通过图像分类模型识别垃圾特征；通过传感器融合模型分析重量、材质等数据，辅助修正识别结果；通过强化学习，根据用户行为预判风险并触发语音提示；通过路径规划算法动态生成清运路线。

（3）交互层：提供方言语音库，支持语音识别交互，用户可通过语音查询分类规则；提供游戏化激励体系，推送差异化任务与奖励。

（4）管理平台：各小区在本地训练垃圾量预测模型，共享加密参数至区域管理平台，在保护隐私的同时提升垃圾分类预测精度。

扫一扫

小区智能垃圾
分类系统实施
方案

3．具体方案

以上述功能需求和设计思路为参考，也可按照自己的想法确定功能和设计思路，然后制定出小区智能垃圾分类系统的具体实施方案。

实践2　建设智能种植农场

传统种植模式依赖人工经验与粗放管理，常因环境调控滞后、资源分配不均等导致生产的效率低、能耗高。智能种植农场依托物联网、人工智能等技术，能够构建精准化、自动化的农业生产体系，实现降本增效与生态友好目标，从而推动农业现代化与可持续发展。

1．功能需求

从人工智能技术应用的角度出发，智能种植农场的核心功能如下。

（1）环境智能感知与监测：能够监测并采集空气温湿度、光照强度、二氧化碳浓度、土壤温湿度、电导率、pH值等多维度环境数据；能够预测极端天气并提前预警；能够监测作物的各生长阶段与健康度。

（2）精准资源调控：能够根据土壤湿度、作物需水量动态调节灌溉系统；能够联动温室顶棚、风机、遮阳帘，维持最佳温湿度；能够自动补光；能够自动调配氮磷钾比例，并输送至根系。

（3）智能决策与生产优化：能够预测作物成熟时间；能够推荐最佳疏果、修剪方案；能够识别作物病斑，并自动喷洒生物农药。

（4）自动化作业：能够实现精准播种、育苗与采摘；能够自动运输采收的作物。

2．设计思路

智能种植农场的设计思路如下。

（1）分层架构设计。感知层用于数据采集，边缘计算层用于数据的实时处理，云端平台层用于决策与优化，执行层用于自动化控制。

（2）核心模块设计。使用传感器和人工智能算法实现环境智能感知与监测；使用自适应灌溉策略和温湿度闭环控制实现精准资源调控；使用图像识别技术和人工智能算法预防病虫害，并提供疏果、剪枝方案；使用机器人实现自动化作业。

（3）关键技术。涉及低功耗传感网络、轻量化人工智能模型、具备避障算法的机器人。

（4）部署与扩展设计。以单间温室为单位进行模块化部署，利用光伏板实现能源自给，提供直观、易用的用户交互界面。

扫一扫

智能种植农场
实施方案

3. 具体方案

以上述功能需求和设计思路为参考，也可根据自己设计的系统，制定出智能种植农场的具体实施方案。

实践3　设计智慧医疗康复机器人

智慧医疗康复机器人是一种结合人工智能、机器人技术、物联网和医疗专业知识的多学科融合智能系统。它通过感知、分析、决策和执行能力，协助医护人员完成护理、康复等医疗任务，能够优化医疗资源分配并提升患者体验。

1. 功能需求

从人工智能技术应用的角度出发，智慧医疗康复机器人的核心功能如下。

（1）生命体征智能监测与评估：能够实时采集患者心率、血压、肌电信号、关节活动度等生理指标；能够分析、评估康复进展及潜在风险。

（2）个性化康复方案生成与优化：能够根据患者病史、损伤程度和实时反馈数据，动态生成匹配的康复训练计划；能够持续优化训练强度与动作复杂度。

（3）实时动作纠正与反馈：能够识别动作偏差并即时提示矫正；能够提供沉浸式训练场景，增强患者依从性（指患者按医生规定进行治疗与康复）。

（4）远程医疗协同与监控：支持医生远程调取训练数据、调整治疗方案，实现分级诊疗；通过云平台连接医疗机构，共享医疗资源和康复数据库。

（5）自动化康复训练执行：能够执行标准化重复训练；确保24h安全辅助训练。

（6）数据驱动的疗效预测：能够预测并发症风险及功能恢复周期，为临床决策提供量化依据。

2. 设计思路

智慧医疗康复机器人的设计思路如下。

（1）多模态感知层：构建分布式生命体征监测网络，部署边缘计算节点实现数据预处理，通过联邦学习框架消除个体生理差异干扰，构建患者数字孪生模型，动态映射神经肌肉系统响应特性。

（2）智能决策中枢：建立医疗知识图谱驱动的推理引擎，生成个性化康复指南方案，自适应调节训练参数，通过分析患者依从性曲线预测6周内的功能恢复概率。

（3）精准执行系统：设计模块化柔顺关节，实现连续可调阻力，开发自适应阻抗控制算法，根据患者表面肌电信号实时调节辅助力场，确保训练轨迹符合要求。

（4）云端协同平台：构建区块链医疗数据池，实现"三级医院—社区中心—家庭"的三级诊疗数据安全流转，部署联邦学习框架实现跨机构疗效预测模型进化，保护数据隐私的同时，提升并发症预警灵敏度。

（5）安全容错机制：建立三层安全防护，即惯性测量单元实时检测异常加速度，肌电信号突变触发紧急制动，数字孪生系统预判跌倒风险。

扫一扫

智慧医疗康复机器人实施方案

3．具体方案

以上述功能需求和设计思路为参考，也可按照自己的想法，制定出智慧医疗康复机器人的具体实施方案。

实践 4　打造智能生产线

工业领域的智能生产线通过引入人工智能技术，有力推动了智能制造与高效生产的关键转型。传统工业生产依赖人工操作与固定程序设备，常因流程复杂、质检效率低导致产能受限、产品缺陷率高。人工智能技术通过实时监测与智能优化，显著提高了生产线的自动化程度与精准度。通过技术赋能与产业链协同，人工智能可以更好地助力工厂构建柔性化、高可靠性的智能工厂生态，为工业可持续发展提供核心动力。

1．功能需求

从人工智能技术应用的角度出发，智能生产线的核心功能如下。

（1）数据采集与监控：能够实时采集设备状态、加工质量、物料流转等数据，实现生产过程透明化。

（2）制造执行系统：能够完成生产计划排程、任务调度、设备协同控制，确保生产节拍和效率。

（3）智能物流与仓储：能够实现物料存取与流转的智能化，减少人工搬运，支持动态配送。

（4）质量管控与检测：能够实现产品质量的自动检测、缺陷识别及质量追溯。

（5）数字化与互联互通：能够实现设备、系统及供应链的互联，支持数字孪生调试与实时监控。

（6）安全与柔性生产：能够有效保证生产安全，具备模块化结构，能适应多品种、小批量生产的需求。

2．设计思路

智能生产线的设计思路如下。

（1）数据驱动的核心架构：以实时数据采集为基础，通过物联网传感器、射频识别、计算机视觉等技术，动态获取设备运行、物料状态、工艺参数等全链路数据，构建数据中枢，为人工智能分析提供输入数据。

（2）人工智能赋能的智能决策：利用人工智能算法优化生产排程与任务调度，结合设备状态预测，如故障预警等，动态调整生产节拍，减少停机时间；通过路径优化算法实现物料动态配送，结合需求预测模型自动调整仓储策略。

（3）全流程质量闭环：集成计算机视觉、声学检测等技术，实时监控产品质量，基于区块链或时序数据库，构建产品全生命周期数据链，实现快速追溯缺陷根源。

（4）数字孪生与协同互联：构建生产线数字孪生模型，通过仿真验证工艺参数，并实时映射物理设备状态，支持远程调试与预维护；同时，利用人工智能预测需求波动，实现原料采购与生产计划的动态匹配。

（5）模块化柔性设计：采用可重构设备，如快换夹具、自适应机器人等，结合标准化接口实现多品种生产的快速切换；利用人工智能视觉监控、边缘计算实时响应等技术，实现人机协作环境下的主动安全防护。

3．具体方案

以上述功能需求和设计思路为参考，也可根据自己的想法，制定出智能生产线的具体实施方案。

扫一扫

智能生产线
实施方案

7.3   人工智能课程设计

人工智能课程设计旨在通过动手实践深化理论理解，并在学习过程中完成综合性实践任务。开发小型人工智能模型、进行数据分析、解决实际问题和撰写研究报告等，都属于人工智能课程设计的范畴。本节提供分析人工智能在智慧城市中的应用潜力与撰写关于人工智能伦理的研究报告两个课程设计，请按照要求完成。

课程设计1   分析人工智能在智慧城市中的应用潜力

本次课程设计的任务是分析人工智能在智慧城市中的应用潜力，这需要结合理论学习和实践调研，从技术、社会、经济等多维度展开研究。具体实施步骤和建议如下。

1．明确研究框架

首先应明确定义"智慧城市"与"应用潜力"的边界，然后根据兴趣或专业背景选择1～2个细分场景（如交通拥堵预测、网络购物无人配送等）。

2．数据收集与文献调研

通过政府公开数据、学术论文、企业报告等渠道收集和调研数据。

3．具体分析步骤

（1）典型应用场景与技术匹配

通过提问、匹配人工智能技术和潜力分析的方式解决问题。例如，如何缓解早晚高峰拥堵？可使用人工智能技术实现交通流量预测、信号灯动态优化、事故自动检测等，应用潜力则可以从缩短通勤时间和减少碳排放的角度进行分析。

（2）量化分析

如果能够收集到详细的数据，则可以从经济性评估、社会效益模拟、技术成熟度等方面量化分析人工智能应用。

（3）挑战与风险分析

从技术瓶颈、伦理与隐私、政策障碍的角度分析人工智能应用的挑战与风险。

扫一扫

人工智能在
智慧城市中
的应用潜力
分析报告

4．成果呈现形式

以研究报告的形式呈现人工智能在智慧城市中的应用潜力分析结果。

课程设计2　撰写关于人工智能伦理的研究报告

撰写关于人工智能伦理的研究报告是一项综合性任务，需要从理论、实践和政策多角度分析人工智能技术带来的伦理问题，并提出可行的解决方案。具体实施步骤和建议如下。

1. 明确研究主题与框架

首先应当确定核心议题，人工智能伦理涉及多个领域，建议聚焦 1 ～ 2 个具体问题，如算法偏见、隐私保护、责任归属、就业影响等。接着构建分析框架，主要涉及伦理原则、利益相关方、政策与法律等研究内容。

2. 文献调研与案例收集

通过中国知网、万方数据库检索"人工智能伦理"相关论文，重点关注国内外研究现状与趋势、典型伦理问题的理论分析、政策建议与治理框架等。通过实际案例证明人工智能伦理问题会真实发生。查阅《新一代人工智能治理原则——发展负责任的人工智能》《中华人民共和国数据安全法》《中华人民共和国个人信息保护法》等政策法规，分析其对人工智能伦理问题的规范作用。

3. 具体分析步骤

（1）问题描述与现状分析

通过提问、分析现状的方式描述伦理问题。例如，针对算法偏见提问，某银行信贷系统因训练数据中男性客户占比过高，导致女性贷款申请通过率显著低于男性。然后分析其现状，如算法偏见在金融、司法、招聘等领域普遍存在，但缺乏有效的检测与纠正机制。

（2）伦理原则与理论分析

从公平性、透明性、隐私保护、责任归属的角度理性分析伦理问题。

（3）政策与法律现状

从人工智能伦理的角度，分析国内外相关的政策法律，如国内的《中华人民共和国个人信息保护法》《新一代人工智能治理原则——发展负责任的人工智能》等，以及国外的《人工智能法案》《算法问责法案》等。

（4）挑战与风险

从技术层面、社会层面、法律层面说明应对人工智能伦理问题的挑战与风险。

扫一扫

撰写关于人工智能伦理的研究报告

4. 解决方案与政策建议

从技术改进、制度建设、公众参与的角度提出有效的人工智能伦理问题的解决方案与政策建议。

5. 研究报告撰写

使用学术语言撰写人工智能伦理问题的研究报告。

7.4　人工智能学科竞赛

人工智能学科竞赛是以解决实际问题或完成技术挑战为目标，通过算法设计、模型训练、系统开发等形式展现学生创新能力的赛事。了解或参与这些竞赛，有利于提升专业技能、实践与创新能力、团队协作与跨学科交流能力等。下面介绍两个人工智能学科竞赛的大概情况。

竞赛1　中国高校计算机大赛—人工智能创意赛

中国高校计算机大赛—人工智能创意赛（以下简称"AI创意赛"）是由教育部高等学校计算机类专业教学指导委员会、全国高等学校计算机教育研究会等机构联合主办的一项面向全国高校学生的人工智能创新赛事。该赛事旨在激发学生的人工智能创新思维，推动技术与产业、社会需求的结合，培养具有实践能力和跨学科视野的人工智能人才。

2024 AI创意赛由全国高等学校计算机教育研究会主办，浙江大学、百度公司联合承办，面向全球高校各专业在校学生，旨在激发学生的创新意识，提升学生的人工智能创新实践应用能力，培养团队合作精神，促进校际交流，丰富校园学术气氛，推动"人工智能+X"知识体系下的人才培养。参赛作品须围绕人工智能核心技术，探索有具体落地场景的技术应用创意方案，如人工智能技术在工业、农业、医疗、文化、教育、金融、交通、公共安全、日常生活、公益等行业领域的应用探索。

扫一扫

详细了解AI创意赛

2024 AI创意赛分为初赛、复赛、全国总决赛3个阶段，在各阶段，参赛队伍须按照要求按时、合规地提交参赛作品。评审专家以竞赛专家委员会的专家为主，秉持公平、公正的原则进行评审，竞赛组织委员会负责相关流程的组织和监督。初赛和复赛均采取线上评审方式，全国总决赛采取现场答辩的评审方式。

竞赛2　中国机器人及人工智能大赛

中国机器人及人工智能大赛（以下简称"AI大赛"）由中国人工智能学会主办，是国内首个提出在机器人及人工智能领域，将关键技术的研发与应用有机结合的比赛，自1999年至2024年已成功举办26届，是目前国内规模较大、影响力较强、专业水平较高的机器人竞赛。

AI大赛旨在引导和激励广大青年学生弘扬创新精神，搭建良好的科技创新赛事平台，助力人工智能、机器人产业发展，推动"人工智能+""机器人+"新经济产业体系建设；积极推动广大学生参与机器人、人工智能科技创新实践，提高团队协作水平，培育创新创业精神；通过竞赛培养出一批爱创新、会动手、能协作、勇拼搏的科技精英。

扫一扫

详细了解AI大赛

AI大赛的初赛需要参赛队伍根据竞赛规则提供相应材料，经过专家评审确定进入决赛的参赛队伍。决赛由大赛裁判组根据竞赛规则进行评比，根据获奖比例确定最终竞赛成绩。